ÉDOUARD SIEBECKER

PHYSIOLOGIE

DES

CHEMINS DE FER

GRANDES COMPAGNIES

EMPLOYÉS — PUBLIC — PORTRAITS

ANECDOTE

CONSEILS AUX VOYAGEURS

PARIS

J. HETZEL, LIBRAIRE-ÉDITEUR

18, RUE JACOB, 18

PHYSIOLOGIE

DES

CHEMINS DE FER

ÉDOUARD SIEBECKER

PHYSIOLOGIE

DES

CHEMINS DE FER

GRANDES COMPAGNIES — EMPLOYÉS
PUBLIC — PORTRAITS
ANECDOTES — CONSEILS AUX VOYAGEURS

PARIS
J. HETZEL, LIBRAIRE-ÉDITEUR
18, RUE JACOB, 18

1867

INTRODUCTION

« Au mois de juin 1862, *le Figaro* publia un article intitulé *les Chemins de fer et leurs Employés*, qui parut sous la signature *François Morin*.

« En quelques heures, le numéro fut épuisé et l'on ne put suffire aux demandes. En effet, quand on songe qu'il y a en France soixante ou quatre-vingt mille individus attachés au service des voies ferrées, on peut aisément se rendre compte du nombre d'exemplaires qui eût été strictement nécessaire. Hélas ! on ne peut contenter tout le monde et son père ! Malgré toute la mansuétude et toute l'impartialité apportées dans ce travail, les uns crièrent *au libelle !* les autres *à la flatterie !* Les lettres tombèrent comme grêle sur le pauvre auteur. Lettres d'injures, — celles-ci anonymes; — lettres de renseignements, celles-là signées.

« Au moment où j'écris ces lignes, j'ai là, sur ma table, quarante-trois lettres, sur les cent soixante-dix-sept que je reçus alors, pleines de révélations et d'anecdotes. Quelques-unes sont piquantes et la tentation serait forte de les publier ; mais nous voulons éviter tout désagrément au journal qui nous donne l'hospitalité dans cette deuxième édition, revue et considérablement augmentée, et nous nous abstiendrons de tout ce qui pourrait blesser la susceptibilité chatouilleuse des personnes intéressées.

« L'*Almanach des Chemins de fer de* 1864, à propos d'emprunts qu'il nous a faits, ayant cru devoir dénouer le masque sous lequel nous nous étions abrité, nous signons cette fois de notre nom cette étude où nous allons passer tour à tour en revue : les compagnies, les employés et le public. »

Voilà ce que nous écrivions, il y a près de deux ans, sans songer que le public pourrait trouver les éléments d'un volume dans la réunion de ces études.

Nous avons donc cherché, dans cette deuxième transformation de notre idée première, à donner une certaine unité à ces chapitres un peu décousus; toutefois, comme notre intention n'est pas d'en faire une œuvre didactique, mais bien plutôt un compagnon de route, nous laissons toutes les sections de notre livre parfaitement indépendantes les unes des autres, de façon que le lecteur puisse le prendre, le jeter, le rouvrir sans avoir à se briser la tête, pour évoquer le souvenir des pages déjà lues.

Est-ce à dire pour cela que ce travail n'ait aucun côté sérieux?

Nous n'avons pas à nous prononcer nous-même là-dessus; mais nous croyons sincèrement qu'il n'est pas absolument nécessaire, pour être sérieux, d'être endormant ou assommant, et, ma foi! si nous ne craignions d'être prétentieux, nous prendrions pour devise ce mot de maître Alcofribas Nasier : *Brisez l'os, vous trouverez la moelle!*

PHYSIOLOGIE

DES

CHEMINS DE FER

COMMENT SE FAIT UN CHEMIN DE FER

Nous n'avons pas l'intention de pénétrer dans des arcanes interdites aux profanes. Nous ne rechercherons pas par suite de quelles influences, de quelles intrigues, un beau matin, un ou plusieurs hommes se trouvent avoir dans leurs poches une concession que l'État leur accorde sous certaines obligations stipulées dans ce qu'on appelle *le cahier des charges* : obligation de desservir des localités indiquées, de construire les ouvrages d'art, de transporter les troupes, le matériel de guerre, les finances du gouvernement dans certaines conditions.

Ce que nous pouvons seulement affirmer, c'est que, dès que les titulaires sont connus, les voilà élevés à l'état de puissances. Les capitaux viennent s'offrir d'eux-mêmes, les sollicitations les assiégent; c'est une course au clocher; il s'agit d'être de la fondation; de bonnes et grasses fonctions se dessinent déjà, pour l'avenir, dans l'imagination de tous les coureurs d'emplois.

Mettez l'habit noir et la cravate blanche; usez vos pantalons dans les antichambres; décrochez des protections jusque dans la lune; faites-vous humbles; faites-vous plats; et, demain, faisant sonner le talon et levant haut la tête, vous rattraperez vos pertes de dignité par une arrogance à tous crins : *Vous en serez*.

Lorsque le noyau est formé, la Société se constitue à un capital proportionné à ses besoins et émet ses actions. Là, il y a une petite affaire de finance qui fait réaliser de jolis bénéfices à ceux qui étaient de la maison dès le commencement; mais (jusqu'à ce jour) nous sommes restés assez étrangers à ces sortes de spéculations pour n'en connaître les détails que par des *on dit.*

On commence par faire ce qu'on appelle l'*étude du trafic.*

Savez-vous, lecteur, ce que c'est qu'une étude de trafic? Non. Eh bien! c'est un malheur. On a élevé l'*économie politique* à la hauteur d'une science. Ce n'est rien à côté de l'*économie commerciale*, et la postérité trouvera dans les archives des compagnies bien des œuvres remarquables dont les auteurs modestes resteront inconnus.

La personne chargée de l'étude du trafic visite chaque endroit situé dans la région que traversera le chemin concédé. Elle doit indiquer le nombre des voyageurs arrivés et partis de la ville dans une année, et préjuger, d'après ce nombre, celui auquel il s'élèvera quand la région sera desservie par une voie ferrée. Il s'agit en outre de préciser le tonnage de la consommation publique : blés, farines, légumes, viandes, vins, alcools. Si c'est une contrée manufacturière, on évaluera chaque espèce d'industrie, le tonnage, la nature, les provenances des matières premières employées pour les diverses fabrications ; le tonnage, la nature et les destinations des produits fabriqués. Se basant sur les prix de transports perçus par les rouliers, sur le temps employé par la voie de terre et les risques qui en résultent, on évaluera le mouvement progressif auquel le chemin de fer donnera lieu.

Tout cela n'a l'air de rien ; c'est un travail d'Hercule. Nous avons eu l'occasion de lire une de ces études il y a bien longtemps. C'est une des choses les plus remarquables et les plus intéressantes que nous ayons eues sous les yeux. C'était l'étude du trafic du chemin de Corbeil à Nevers, aujourd'hui Lyon par le Bourbonnais, faite par M. Moussette, actuellement inspecteur principal du contrôle de l'État.

D'après ce travail, on arrête la ligne et ses principaux embranchements, et on lance le génie.

ENTRÉE EN CAMPAGNE

On a pu se faire une idée, depuis l'*hauss-mannisation* de Paris, de l'excitation que cause l'annonce d'expropriations dans un quartier. Des gens étrangers jusqu'alors au rayon fortuné se trouvent tout à coup néo-propriétaires de terrains traversés. Quelle chance! disent les voisins. — Hé! hé! pas bête! disent les malins. — Tripotage! disent les sceptiques. — Tout cela ensemble! disent les gens de bon sens.

Les mêmes faits se produisent dans les

contrées que doit traverser un chemin de fer.

Les heureux, ceux qui *ont l'oreille*, prennent les devants, achètent à bas prix à des innocents ou à des fourvoyés, et voilà des fortunes qui sortent de terre on ne sait comment, ou, hélas! on le sait trop. L'oreille! l'oreille! avoir l'oreille : voilà toute la question.

Du moment qu'un niveau d'eau ou un graphomètre apparaît dans une commune, le paysan ne vit plus. A chaque instant il croit voir l'instrument braqué comme un canon sur son lopin de terre. Offrez-lui-en la superficie en pièces de cinq francs, il vous enverra aux cinq cents diables. Il a une terre, dont il reviendra trop tôt; elle est située dans le royaume de l'Espérance et tant qu'il y croira il sera inabordable. Le dernier planteur de jalons est soumis à ses séductions : ce qu'il dépense pour en tirer des *je ne sais pas* est inouï. Du plus gros au plus petit, c'est ainsi; — depuis l'ingénieur qui dîne au château, jusqu'au porte-chaîne qui soupe à la chaumière, c'est à qui sera séduit.

Misère humaine ! on prétend que le châtelain rentre plus souvent dans son dîner que le paysan dans son souper. Mais ce sont les mauvaises langues qui font courir ces vilains bruits ; il est entendu que les ingénieurs sont incorruptibles, d'abord parce que c'est leur caractère comme cela, ensuite parce que cela coûterait trop cher pour les corrompre, leur position étant la première, par le temps qui court.

Enfin le tracé est arrêté et la guerre est dans le pays pour longtemps. — Les expropriés sont en butte, pour de longues années, aux vigoureuses haines de ceux qui ne le sont pas.

Alors viennent les entreprises pour le terrassement. C'est par soumission, mais, comme il y a un cautionnement à déposer, c'est toujours un gros qui l'emporte. A son tour, celui-là prend des sous-entrepreneurs, également au rabais. Souvent il arrive que le pauvre diable s'est trompé dans ses calculs et cherche à se couvrir en trichant. La voie est refusée. — La compagnie attaque son soumissionnaire, qui, de son côté, se rejette sur le sien, et c'est le petit qui finit par payer les pots cassés. — Histoire éternelle, dans la meilleure des sociétés possibles! Quand le terrassement est terminé, il s'agit de la pose des rails. Là encore, l'intrigue se met en campagne; mais c'est ordinairement un maître de forges faisant partie de la maison qui l'emporte... Et il y a toujours un maître de forges quelque part!

Bon petit métier aussi que celui-là! A recommander aux familles!...

J'ai connu, beaucoup connu, deux frères. L'un fut soldat, l'autre devint maître de forges. Le premier, après avoir roulé vingt ans sur les champs de bataille, fut jeté dans un coin avec douze blessures, quinze citations à l'ordre de l'armée, une croix d'officier de la Légion d'honneur, la demi-solde de colonel de l'empire : 1,500 francs à peu près. L'autre, après s'être chauffé tranquillement le ventre au coin de son feu, pendant que son frère serrait le sien, possédait environ dix millions de fortune. Il avait été fait baron, était commandeur de la Légion d'honneur, chevalier de Saint-Louis, sans compter un tas de bimbeloteries allemandes qui panachaient sa brochette.

Ah! dame! les gens pratiques sont toujours récompensés. L'un était un gueux qui se figurait qu'ayant prêté serment à l'empire il devait bouder au retour du *Roi Panade*, puis resauter à cheval au retour de l'île d'Elbe et se faire *brigand* derrière la Loire après la dernière débâcle.

Le frère intelligent avait reçu Louis le Désiré à sa première rentrée et lui avait fait boire du johannisberg-metternich. Il avait maudit le sort qui lui avait donné un sacripant de frère au service du *Buonaparté!* Il avait également offert à dîner à S. M. l'Empereur et Roi, après que, *d'un souffle, il eut balayé la France de la race abhorrée des Bourbons*, et il avait remaudit le sort qui avait donné à son frère le plus beau lot, — celui de pouvoir mourir pour l'Alexandre moderne.

Puis, à la dernière rentrée, il avait eu le bonheur de traiter encore je ne sais combien de principicules tudesques, tous des foudres de guerre.

Cet homme-là devait arriver; *il était dans le mouvement*, dirait Formichel !

Loin de moi la pensée de mettre dans le même sac tous les maîtres de forges : il ne faut pas oublier que c'est dans le salon de l'un d'eux qu'a été composée *la Marseillaise*, mais enfin on peut dire que c'est un bon métier.

Quand les rails sont posés, — les gares et stations installées, on livre à l'exploitation la section qui se trouve prête.

CE QUI EN RÉSULTE

LUNETTES NOIRES

La géographie change de face.

Ici était une bourgade ignorée qui devient populeuse, riche, et se réveille à l'état de ville, un beau matin.

Là était une ville qui languit tout à coup, se déserte, se ruine et, dans vingt ans, inscrira sur le mur désolé de sa dernière maison : « *Ci-gît une ancienne sous-préfecture!* »

Voyez Altkirch détrôné par Mulhouse!

Les chasseurs prétendent que les chemins de fer attirent le gibier; il en est de même de la population.

Les diligences, les rouliers, les aubergistes ont disparu, mais les terrassiers, les hôteliers, les camionneurs ont surgi.

Un peuple tout nouveau s'est créé : chefs de stations, conducteurs de trains, gardes-freins, fourgonniers, chauffeurs, mécaniciens, facteurs, hommes d'équipe, graisseurs, gardes-lignes, gardes-barrières, cantonniers.

D'où vient-il, d'où sort-il, ce peuple?

Il subit l'arrêt fatal des métamorphoses sociales!

Tous ces gens conduisaient hier une patache, un chariot, tenaient une auberge sur la route, étaient messagers, maréchaux ferrants, charrons, forgerons, que sais-je?

La vapeur les a ruinés et ils sont devenus les vassaux de la vapeur.

Ils ont perdu une industrie qui les faisait vivre dans l'aisance et leur promettait une vieillesse abritée et tranquille; mais ils ont trouvé un morceau de pain pour le présent. Ils ont quitté la bonne et douce indépendance de l'industrie particulière, pour prendre le carcan de la glèbe administrative, du vasselage bureaucratique.

Un morceau de pain pour le présent, nous l'avons dit et nous le prouverons plus tard, voilà la seule compensation que ces êtres transformés aient trouvée à leur ruine!

Et cependant n'y a-t-il pas une sorte de philanthropie dans ces remords tacites des compagnies, qui prennent à leur service des gens dont elles ont tué l'avenir?

Voilà pour la question particulière.

Envisageons maintenant les effets des chemins de fer sous leur aspect général.

Tous les réseaux ayant pour tête Paris, les chemins de fer sont donc les agents les plus puissants de la centralisation.

Ils ont aidé à l'accaparement de toutes les denrées par le marché de Paris, au point que si l'on veut avoir au Havre, à Dieppe, ou dans un port quelconque, un beau poisson, il faut le faire venir de la capitale; presque tous les pêcheurs ont traité, pour la totalité de leur pêche, avec les facteurs de la halle.

Ils ont causé la désertion de la province au profit de Paris. — Paris, ce grand rêve de tout enfant.

La nuit, ce mot scintille, au milieu des ténèbres, avec son bourdonnement immense et ses éblouissements féeriques.

Le fils du laboureur veut être ouvrier; le fils de l'ouvrier, employé; la fille des champs, servante. Chacun a hâte de briser avec la profession paternelle, avec le modeste trou qui l'a vu naître, pour venir respirer l'atmosphère enflammée et enivrante du grand inconnu.

— Paris, disent les jeunes gens, c'est la vie facile, les plaisirs frénétiques, l'ambition assouvie; c'est le pays de l'Occasion, cette belle fille qu'on dit chauve par derrière et qui n'est jamais passée par chez nous.

— Paris, disent les jeunes filles, c'est l'adieu à cette terre ingrate qui salit les mains, déforme la taille, gâte le teint et vous condamne à la médiocrité! Paris, c'est le pays de la danse, des rubans, du coald-cream, de la poudre de riz, du maquillage et des robes à queue; Paris, c'est le pactole des jolies filles, qui peuvent épouser des banquiers et des agents de change.

Pauvres fous! Paris c'est la hiérarchie, c'est l'administration, c'est la bureaucratie, c'est l'enrégimentement, avec une aristocratie, dont les titres de noblesse sont donnés, par deux ou trois personnages assis autour d'une table, à des petits messieurs qui en savent souvent moins que vous et pour lesquels vous êtes taillables et corvéables à merci, pendant la plus belle moitié de votre vie : celle qui n'appartient pas au sommeil. — Mange du pain et du fromage, imbécile, mais mange-les à la sauce et à l'heure qu'il te plaît!

LUNETTES ROSES

Les chemins de fer sont un des puissants moyens stratégiques pour la défense du sol; si nous les avions eus en 1814 et 1815, il y a gros à parier que jamais l'ennemi ne fût arrivé jusqu'à Paris. Supposons une armée étrangère entrant brusquement en Alsace. Au moyen de la réquisition, les troupes sont embarquées et cent mille hommes, en quelques heures, peuvent se trouver en face de l'envahisseur.

S'ils ont grisé la province par l'aspect plein de séductions trompeuses de la capitale, ils ont rafraîchi l'esprit parisien sans cesse en ébullition, en lui faisant connaître les joies calmes de la province, si bien que, pendant les dimanches et les fêtes d'été, Paris appartient aux paysans et aux provinciaux, mais les champs et les bois sont pris d'assaut par les Parisiens.

Dans cinquante ans, Paris aura ainsi perdu le côté typique qui constitue une ville proprement dite. Dans leur empressement d'échapper à l'ardente fournaise des affaires, les Parisiens se sauveront, aussitôt la chute du jour, dans leurs habitations, groupées sur les bords de la Seine ou de la Marne. Et la nuit appartiendra aux voyageurs de toutes les nations, qui encombreront les théâtres, les concerts, les bals, les boulevards, les cafés, les restàurants. Paris sera alors la capitale des sept péchés capitaux.

- Les chemins de fer ont multiplié les Concours agricoles, un des plus grands moyens de civilisation et d'éducation sociale. Ils ont révélé la France à elle-même, en apprenant au Sud les progrès du Nord, à l'Ouest les procédés de l'Est. Par les facilités de communication, par le rapprochement des distances, ils fondent peu à peu ces nuances qui s'appellent encore Bretagne, Alsace, Lorraine, Gascogne, Provence, pour arriver à une seule teinte uniforme qui sera la France de l'avenir.

En enserrant tout notre vieux continent dans ce vaste et inextricable réseau d'intérêts industriels et financiers, ils ont rendu les guerres sinon impossibles, du moins fort difficiles. Aujourd'hui deux nations ennemies ne pourraient pas, comme au commencement de ce siècle, se colleter longtemps au milieu de cette toile d'araignée qu'on nomme *les af-*

faires, sans voir les autres s'entendre pour mettre le holà, attendu que toutes ressentiraient le choc en retour.

A un autre point de vue encore, les chemins de fer ont rendu un immense service en offrant un débouché à tous ces êtres déclassés que la société avait sur les bras : militaires retraités, réformés ou désillusionnés, avocats et médecins avortés, commerçants ruinés, clercs d'avoués, de notaires, d'huissiers qui n'ont pas trouvé de femmes à études, bacheliers terminés et ratés, petits rentiers désirant faire quelque chose. Puis çà et là, comme des taches d'huile, quelques artistes et quelques écrivains gagnant le pain quotidien, en grimpant la côte si roide qui les conduira à l'hôpital ou à la renommée.

COUP D'ŒIL RÉTROSPECTIF

Nous avons indiqué d'une façon aussi impartiale que possible les opinions générales sur l'influence sociale des chemins de fer de nos jours. Peut-être sera-t-il intéressant de se reporter en arrière, à l'époque où ils étaient encore, je ne dirai pas dans l'enfance, mais au maillot. Tout le monde sait aujourd'hui ce qu'en pensait M. Thiers. Eh bien ! il nous est tombé entre les mains un ouvrage publié en 1838 et intitulé :

DÉRAISONS ET DANGERS

De l'engouement pour les chemins de fer

Par Victor Considérant

Ex-capitaine du génie et ancien élève de l'École polytechnique,

dans lequel le célèbre disciple de Fourier prend la question de plus haut que le ministre, et, au milieu de quelques erreurs, laisse percer sinon un *mens divinior* bien grand, du moins certaines craintes qui, avouons-le, n'étaient pas dénuées de tout fondement.

M. Victor Considérant commence par déplorer l'engouement du public français pour les chemins de fer, qui ne peut avoir d'autre résultat que d'enrichir quelques adroits spéculateurs au préjudice des naïfs qui se jettent étourdiment dans les entreprises.

« Nous sommes, dit-il, compatriotes et proche parents des moutons de Panurge; et, comme à l'ordinaire, l'opinion générale s'est formée par entraînement; comme elle est rarement consciente de sa raison d'être, qu'elle est plus souvent aveugle et passionnée que réfléchie et intelligente, nous nous permettrons de dire que le public est susceptible de s'engouer, de se tromper, de se jeter dans de fausses directions, dans des opérations ridicules, qu'il a, en un mot, comme un simple particulier, la faculté de voir de travers, de faire des sottises, et qu'il lui arrive d'en user. Nous croyons que la manie des chemins de fer, dans laquelle nous sommes, en France, si violemment précipités aujourd'hui, est un exemple frappant de la déraison sociale de notre temps, déraison dont cet engouement n'est malheureusement pas le seul symptôme.

« Puisque nous avons parlé de déraison sociale, continue M. Victor Considérant, demandons s'il n'est pas excusable de prononcer ce mot en face d'une société dont les propres statistiques constatent que les cinq sixièmes des membres qui la composent ne sont pas logés et meurent de faim, et qui, malgré cela, veut tout à coup se jeter à corps perdu dans des travaux gigantesques, dans des mouvements de terres fabuleux, qui veut creuser et percer les montagnes, lancer des ponts à trois ou quatre étages sur les vallées, et engager des milliards dans des entreprises colossales dont le résultat idéal serait.... de faire aller ses voyageurs deux ou trois fois plus vite qu'ils ne vont sur les grandes routes ; et notez bien qu'à côté de cet idéal, nous aurons, dans la plupart des cas, l'avortement des susdites entreprises et, dans les cas les plus favorables, la ruine des actionnaires *sérieux* ou *débonnaires* avec l'argent desquels elles auront été exécutées. Ajoutez à ces résultats, dont l'arithmétique et l'histoire des chemins de fer en Europe nous offrent la perspective, qu'en mettant les choses au mieux, la réalisation générale des chemins de fer, dans l'état actuel de la société, aurait pour principal effet d'augmenter prodigieusement l'énergie du mouvement qui tend à concentrer la fortune publique aux mains des hauts barons de la finance, et à constituer la *féodalité industrielle.* »

Ne pressent-on pas déjà, en lisant ces lignes écrites il y a vingt-huit ans, le magnifique réquisitoire de Proudhon dans le *Manuel du spéculateur à la Bourse?*

Mais continuons l'analyse de ce livre curieux à plus d'un titre.

« Le principal argument, dit l'auteur, présenté par les apologistes, est celui-ci : Les chemins de fer doivent avoir pour résultat d'unir entre eux les peuples les plus éloignés et de faire du genre humain une seule famille. Les partisans de ces sortes de routes accordent qu'elles ne sauraient donner encore qu'une production industrielle très-minime. Aussi n'applaudissent-ils à leur exécution actuelle que par des considérations politiques, sociales, progressives sur le mouvement des idées, sur les communications, les rapprochements et la fusion des peuples, sur l'association des nations, qu'ils attendent de ce nouveau mode de transport. Suivant eux, la création des voies ferrées doit réaliser la paix universelle rêvée par Bernardin de Saint-Pierre, et, grâce à ce moyen de transport, les haines, les antipathies, les préjugés qui séparent les peuples vont enfin s'évanouir.

« Il nous semble qu'avant de vouloir procéder, par des dépenses colossales, par des travaux gigantesques, à la fusion des nations et des peuples, il serait sage de chercher d'abord à établir l'ordre, la prospérité et la concorde dans le pays que l'on habite. Vous voulez associer tous les peuples de l'univers, c'est très-bien, mais d'abord commencez par vous mettre en mesure de savoir et de pouvoir associer entre eux les habitants d'une de vos bourgades. Vos villes et vos communes sont livrées au morcellement, à la division, à l'opposition des intérêts. Le spectacle qu'elles vous présentent est celui de la dissension, de l'antagonisme, de la lutte des individus. Elles sont des foyers de misère, de mésintelligence, de vices et de crimes. Ce caractère, tout de guerre et d'anarchie, se reproduit de la base au sommet, à tous les échelons de notre organisation sociale. Avisons donc, cela nous paraît un raisonnable conseil, à améliorer notre position, à faire disparaître de notre société l'anarchie, la guerre, la lutte; sachons nous mettre chez nous en bonne intelligence, en voie d'ordre et de prospérité, avant de vouloir fonder par des routes de fer la bonne intelligence universelle, la prospérité et l'association du genre humain. »

Passant à un autre ordre d'idées, l'auteur demande si le pouvoir veut réellement entrer dans la voie des progrès : dans ce cas il y a bien autre chose à faire qu'à couvrir la France de routes en fer ; et, par exemple, ne serait-il pas urgent de songer aux moyens de tirer notre agriculture de l'état de détresse où elle languit depuis si longtemps ? ne serait-il pas juste de prendre en considération les réclamations et les plaintes qu'elle fait entendre ? L'agriculture, la première de nos industries, l'agriculture, la source la plus féconde de la prospérité des peuples, l'agriculture qui, dans un moment de crise et au milieu de la chute de toutes les autres industries, pourrait seule nous offrir des ressources, notre agriculture souffre ; elle pousse un cri de détresse, et au lieu de lui donner les encouragements et la protection qui lui manquent, le pouvoir va engloutir des sommes immenses dans des entreprises dont les bénéfices sont incertains et l'utilité très-contestable !

« Comment, malheureux ! s'écrie M. Considérant, votre agriculture, la base et la source de votre prospérité possible, produit à peine, malgré la supériorité de votre sol et de vos climats, le *quart* (proportionnellement) de ce que produit l'agriculture de vos voisins d'Angleterre! Cette pauvre agriculture, abandonnée, délaissée, manque de capitaux et succombe sous la dent du morcellement et de l'usure ; manquant de capitaux, elle manque d'instruments et consomme, à perte, une énorme quantité de travail ; ses chariots enfoncent jusqu'au moyeu sur ses chemins d'exploitation ou de communication ; et pendant que sur nos grandes lignes, entre les villes, nos voyageurs parcourent déjà à bas prix deux ou trois lieues à l'heure, vous excitez le public à dépenser des capitaux fabuleux, pour que ces voyageurs puissent faire six ou huit lieues à l'heure, au lieu de deux ou trois, et pour attirer dans vos villes et vos centres de fabrication déjà encombrés, de nouveaux capitaux et de nouveaux prolétaires ! Vos villes, vos lignes et vos centres manufacturiers sont pléthoriques, votre agriculture est atrophiée, et c'est dans un pareil état pathologique du corps social que vous voulez augmenter l'atrophie de l'agriculture et le pléthore de vos centres manufacturiers, en attirant dans ceux-ci, par les appâts immoraux de l'agiotage, les capitaux qui sont déjà si rares dans l'agriculture ! »

Voilà ce que pensaient en l'an de grâce 1838 non-seulement M. Victor Considérant, mais beaucoup d'esprits distingués avec lui.

Malgré la prédiction de M. Thiers, malgré le pessimisme du célèbre fouriériste, les chemins de fer ont réussi. Est-ce à dire pour cela que ce dernier avait tout à fait tort ? Non. D'autant plus que nous ne pouvons pas encore juger de l'avenir financier de ces entreprises, puisque notre réseau n'est pas complétement terminé. Et s'il fallait procéder par comparaison, nous serions loin d'être tranquille en regardant la Belgique.

Toutes les lignes qui enserrent ce petit territoire, si admirablement placé au point de vue du transit, meurent de consomption. Elles cherchent un salut dans l'union entre elles. L'union des forces peut amener une amélioration, jamais l'union de faiblesses.

LA FÉODALITÉ

Depuis que le monde est monde, les procédés humains n'ont pas varié.

Hugues Capet escamota la couronne au dernier descendant de Charlemagne; il est obligé pour la conserver de dire à ses complices : *Agrandissez-vous*, et il arrive un moment, dans notre histoire, où tous sont rois en France excepté le roi.

Il faut que Louis VI entrevoie vaguement une porte de salut dans l'émancipation des communes; que Louis XI continue cette politique par la ruse et les piéges contre les grands feudataires, par les caresses vis-à-vis des marchands, et qu'enfin le grand coupe-tête Richelieu termine la besogne à coups de hache, pour que le roi de France soit enfin roi : ce résultat a demandé près de six siècles. La Révolution éclate, arrache la souveraineté à un seul homme et la remet dans l'universalité des citoyens. On sait par quelles phases successives elle finit par rester aux mains de la bourgeoisie, devenue, par l'achat des anciens fiefs morcelés, propriétaire du sol.

Louis-Philippe escamote la couronne à son cousin, subit l'obligation de Hugues Capet et ne change qu'un mot : *Enrichissez-vous !* dit-il à ses complices.

Ils n'y ont pas manqué ; et voilà une nouvelle féodalité parfaitement constituée.

Elle n'a pas les priviléges, elle n'a plus de vassaux, elle n'a plus d'armée. — Non !... Mais elle a tout cela à la fois : elle a l'*argent !*

Nous trouvons dans le livre de Proudhon, publié en 1857, que, d'après les calculs de M. Angelo Tedesco, elle possède près de vingt milliards. Et, dans cette somme énorme, dépassée à l'heure qu'il est, on ne tient compte que de ce qui a la libre entrée dans son *champ de mai* à elle : *la Bourse !*

Or, qu'on ne perde pas de vue que la base du gouvernement est le suffrage universel.

On a fait le dénombrement de la richesse, qu'on fasse le recensement des vassaux et qu'on se demande alors à la tête de quelle formidable armée la féodalité nouvelle peut se présenter sur les champs de bataille électoraux, à un moment donné ?

Prenons les chemins de fer, les hauts fourneaux, les mines, les assurances, etc. ; voyons sur combien d'électeurs ces compagnies ont droit de vie et de mort directement ou indirectement et demandons-nous ensuite si la compagnie de l'Ouest ne vaut pas les ducs de Bretagne et de Normandie, celle de l'Est les ducs de Lorraine et de Champagne, etc., etc.

Ces grandes associations de capitalistes emploient-elles cette politique? Il ne s'agit pas de ça. — Elles pourraient l'employer et cela suffit.

Nous ne nous écrierons pas comme le célèbre écrivain : *Il faut que cette situation ait une issue : ou le triomphe du système, c'est-à-dire l'expropriation en grand du pays ; la concentration des capitaux, du travail sous toutes les formes, l'aliénation de la personnalité, du libre arbitre des citoyens au profit d'une poignée de croupiers insatiables ; ou la liquidation.*

Non, nous croyons que tout mal porte avec soi son remède, et le gouvernement a commencé à le comprendre l'année dernière, lorsqu'il a modifié la terrible loi dont pouvaient disposer les seigneurs du million contre leurs serfs.

Aujourd'hui il semble vouloir entrer plus hardiment encore dans le vif de la question par l'impulsion qu'il donne aux sociétés coopératives. *Émancipons les communes!* tel doit être le cri du pouvoir.

Nous savons que, comme instrument de gouvernement, la commandite est remarquable. Lorsque la monopolisation a lieu par la destruction successive de toutes les concurrences, le travailleur, réduit à une vassalité sans espoir d'affranchissement, devient peu à peu plus malléable ; la question du pain éloigne celle de la dignité, dans l'exercice de la profession ; il appartient corps et âme au maître qui le nourrit, d'autant plus qu'il ne peut trouver de pain ailleurs. Ce servage de 3 à 5 francs, pendant la moitié des vingt-quatre heures que la nature lui donne à dépenser par jour, finit par le déformer au moral, et il reste à l'état de cire molle pendant les douze heures qui lui appartiennent en propre et pendant lesquelles il cesse d'être machine pour redevenir citoyen.

Reste à savoir si un gouvernement est plus grand en régnant sur des êtres amoindris qu'en gouvernant des hommes. Quant à nous, nous pensons le contraire, et qu'à la dépression morale, causée sur une immense collectivité par cette féodalité, il faut opposer l'élévation du caractère individuel.

Comment y arriver ? C'est là la question, et nous espérons la traiter en temps utile.

Seulement, nous ne voulons pas clore ce

chapitre sans répondre à un conseil donné il y a quelque temps par un des écrivains les plus aimés du public.

M. Edmond About, dans son livre du *Progrès*, qui a fait tant de bruit, prétend que l'agriculture dépérit en France, parce que la propriété y est trop morcelée. D'accord avec M. le marquis d'Andelarre, il pousse à la reconstitution des grands domaines.

— Vends ton lopin, mon bonhomme, dit-il au paysan; tes moyens sont trop restreints pour que tu puisses lui faire produire tout ce qu'il peut. On te dit de fuir la ville; au contraire vas-y et fais-toi ouvrier; il fait meilleur vivre à l'usine qu'aux champs. De grands capitalistes viendront, te payeront ton petit patrimoine et exploiteront sur une large échelle.

M. Edmond About, malgré tout son esprit, avant d'écrire ces lignes, ne s'est pas fait cette petite question : Qui est-ce qui tiendra la corne de la charrue ?

En effet, la commandite, qui a déjà entre les mains les machines, les instruments de travail, se ruera sur la terre très-volontiers. Mais les quinze ou vingt tripoteurs d'argent qui se mettront à la tête d'une grande exploitation fumeront-ils eux-mêmes la terre, faneront-ils, herseront-ils? Non. Ils auront de pauvres diables qui, au prix d'une bouchée de pain, travailleront la mère commune et qui seront rivés à leur terre comme naguère le serf à la glèbe de son seigneur.

Et qui seront ces pauvres diables? Les anciens propriétaires.

— Oui, mon bonhomme, au lieu de cultiver ton lopin pour ton compte, tu piocheras et sueras pour le compte d'un autre : au lieu d'être maître, tu seras valet. Voilà tout simplement ce que te propose M. About. Reste libre, crois-moi!... Rien ne paye la liberté, et moque-toi de la grande exploitation qui est une duperie pour tout le monde, excepté pour quelques malins.

Cela dit, revenons à nos moutons.

APERÇU HISTORIQUE

Un livre bien curieux serait l'histoire des révolutions de cabinets accomplies dans les grandes compagnies.

Ce furent d'abord des *républiques aristocratiques*, gouvernées par une sorte de *Conseil des Dix*, qu'on nommait, et qu'on nomme encore, conseil d'administration.

Mais le principe oligarchique ayant causé bien des abus, des coups d'État successifs ont eu lieu et ont transformé ce régime en autocratique.

Des directeurs, choisis parmi des ingénieurs, ont remplacé en parti la toute-puissance des conseils qui, dans quelques compagnies, n'existent plus qu'à l'état de *conseils.*

Et c'était une réforme bien urgente.

Quelques-uns de ces hobereaux du livre d'or de la finance faisaient litière pour eux, leurs fils, leurs petits-fils, neveux, cousins, parents, domestiques et compatriotes de ces grandes entreprises chargées de faire fructifier la fortune publique.

Que de fois des indulgences coupables sont venues couvrir des actes trop qualifiables! Que de fois des scandales mal étouffés ont jeté sur toute une classe honorable, dans son ensemble, une sorte de mauvais vernis qui n'était l'apanage que de quelques drôles trop protégés!

Mais peu à peu les réformes ont eu lieu, et aujourd'hui l'intégrité et l'honorabilité des directeurs rendent tous les petits tripotages, les dols, les concussions sinon tout à fait impossibles — il faut faire la triste part de l'humanité — du moins tellement difficiles, qu'à peine commis, ils sont connus et presque toujours immédiatement punis.

Et il y en a eu de ces vols ! Leur histoire seule ferait tout un volume.

Parmi toutes les lettres qui nous furent écrites lorsque ce livre n'était encore qu'un article de journal, nous en prendons une qui vaut la peine d'être connue :

« Il semble, Monsieur, que toute la presse conspire contre la morale. Dieu sait si les chroniqueurs sont aux abois ! Dieu sait de quels lieux communs ils remplissent les journaux ! Eh bien, aucun n'a le courage de sortir des sentiers battus et de dévoiler enfin les protections scandaleuses qui couvrent tant de fripons de bas étage. Dans ma compagnie, à côté de moi, pendant deux ans, j'ai assisté à la confection des fraudes les plus effrontées. — Des reprises fictives, effectuées sur des chemins étrangers, pour couvrir des déficits que nous connaissions à peu près tous. Pourquoi n'en parliez-vous pas, nous dira-t-on ? Allez donc vous attaquer à des individus qui sont alliés, je ne sais de quelle façon, à de gros personnages. Certes, lorsqu'on est seul, on obéit à la voix de la conscience ; mais, lorsque le devoir est au prix du pain de sa famille, on étouffe son. cri ; l'honnête homme n'en souffre pas moins ! Sentez-vous ce supplice de chaque jour? Se voir sous les ordres d'un voleur, l'entendre vous commander, vous parler avec cette morgue et cette insolence des parvenus de nos administrations et ne pouvoir, un beau jour, prendre ce misérable par l'oreille, en lui disant : Ah ça ! mais, mon drôle, tu t'oublies, je crois ? Parce que tu es un fripon qu'on paye fort cher, crois-tu qu'un honnête homme qu'on ne paye pas va supporter longtemps tes insolences ?

« Il faut une sacrée (*sic*) énergie pour agir ainsi ; et, vous le savez, lorsqu'on a le bonheur d'avoir un de ces caractères, on peut faire autre chose dans la vie que de croupir dans les bas-fonds d'un chemin de fer. — Tout se découvre, dit-on. Oui, monsieur, on a fini par découvrir les manœuvres de cet homme. Savez-vous ce qu'on en a fait ? — On lui a donné de l'avancement, et on l'a envoyé sur la ligne avec un poste supérieur à celui qu'il occupait. »

On comprendra notre réserve, nous ne pouvons donner ni les noms des accusateurs ni ceux des accusés.

Une autre lettre, celle-là est gaie... elle n'est pas signée et ressemble à un article de journal ; elle porte ce titre :

LA CLEF D'OR

C'était à Venise la Belle. Le Conseil des Dix s'était assemblé. Le peuple ignore ce qui s'était passé, mais les gondoliers, en glissant le long des murs du palais, avaient entendu comme une tempête qui éclatait à l'intérieur. Le soir, sur les lagunes, on disait que le sénateur chargé des comptes de la Sérénissime république avait donné sa démission. Le lendemain on s'aperçut, en examinant le trousseau de clefs qu'il portait à sa ceinture et qu'il avait jeté avec colère sur la table du conseil, on s'aperçut qu'il manquait une petite clef d'or, chef-d'œuvre de Benvenuto Cellini. — Cette clef ouvrait un tiroir mystérieux. On expédia quelqu'un pour lui redemander cette clef.

— Va-t'en dire à ceux qui t'envoient, répondit-il au messager, que cette clef vaut vingt mille piastres. Si dans vingt-quatre heures je ne les ai pas, elle sera remise aux mains du Doge, qui ouvrira le tiroir... et alors gare au pont des Soupirs. Douze heures après la difficulté était tranchée : le messager apportait dix mille piastres fortes et bien cordonnées et remportait la petite clef.

Quelle était cette clef ? quel était ce tiroir ? que contenait-il ?

Et le soir les gondoliers disaient tout bas :

« Mystère ! mystère ! tout est mystère dans Venise la Belle ! »

Voilà pour les impunis. Pour terminer, permettez-moi de vous en présenter un que j'ai connu personnellement.

ÉTUDE DE BANDIT

Celui-là, par exemple, n'eût pas trompé le physionomiste. Il avait cinq pieds huit pouces, la poitrine large, les attaches solides. Ses cheveux étaient noirs, son teint hâlé. Deux ou trois fois par jour, pendant une demi-heure, il se promenait de long en large dans la salle des Pas-Perdus, une trique à la main, l'œil insolent, la lèvre impudente, caressant, de sa poigne d'argousin, sa moustache et son impériale noires comme du jais et étalant un bout de ruban rouge, que je ne sais quel ministre d'un jour lui avait jeté à la boutonnière, pour des services inavouables, rendus au lendemain d'une émeute sous Louis-Philippe. De cette façon, le légionnaire masquait le mouchard, comme le mouchard couvrait le bandit.

Les gens superficiels l'eussent pris pour un soldat en bourgeois. Mais en l'observant quelques secondes, il n'y avait pas à s'y méprendre. L'audace de l'œil était fausse; elle se fondait quand on le regardait droit en face, et l'on n'y retrouvait plus que l'inquiétude de l'espion ou du pick-pocket. Il était, ma foi, inspecteur; il avait droit de haute et basse justice sur ce personnel si honorable et si intrépide du service actif; il s'amusait à passer des revues, le dimanche, comme un chef de corps, et punissait pour un bouton mal cousu ou une barbe qui n'était pas taillée suivant ses décrets. Rechercher les sources de cette haute position, nous ne le pourrions sans plonger dans l'égout. Laissons cela!

Qu'une femme un peu jolie se trouvât sur sa route, elle était en butte à ses obsessions. Pour les faciles, il avait, aux environs de la gare, un appartement de viveur, où il invitait parfois les pieds-plats qui composaient sa cour. Il avait quatre mille francs d'appointements, et, avec ses indemnités de route, arrivait à six. Dans un logement, plus que modeste, à l'extrémité de Paris, il avait une femme et un enfant qui manquaient de tout. De temps en temps, des bruits mystérieux circulaient dans la gare : un vol avait été commis pendant la nuit. — C'était un group disparu du fourgon d'un chef de train, — c'était le tiroir d'un sous-chef de gare fracturé et cinq cents francs et une montre d'or enlevés. Un tel et un tel ont été arrêtés... on se regardait, on souriait d'une manière imperceptible et l'on disait : Chut ! Du reste, au bout de quelques jours, les prévenus, après avoir vu leur innocence hautement proclamée, étaient relâchés. Quant à M. l'Inspecteur, il était en tournée depuis le matin de l'affaire et revenait peu de temps après à Paris plus superbe et plus insolent que jamais.

Une de ses affaires les plus pittoresques est celle-ci :

Les chefs de deux gares importantes arrivent à Paris et laissent leurs bagages chez leur collègue : M. l'Inspecteur s'y trouve. On cause. Un carnier et un fusil de chasse sont déposés dans un coin. Au moment de partir :

— Diable ! dit l'un de ces messieurs, j'ai sur moi une somme assez importante. A Paris, il faut éviter les tentations, surtout celles des autres; je voudrais bien mettre cette somme en lieu sûr.

L'œil du sire s'allume, il s'agissait, je crois, d'un millier de francs.

— Parbleu! répondit-il, il y a un moyen bien simple; ce sont des billets n'est-ce pas? Faites-en des boulettes et glissez-les en guise de bourres dans vos canons de fusil.

— Tiens, c'est une idée!

Le soir, en revenant, on examine l'arme; elle était déchargée! M. l'Inspecteur était parti en tournée.

Lorsqu'il en était temps, on étouffait les affaires. — Défense était faite au volé d'ouvrir la bouche. Quand les choses arrivaient aux oreilles de la police, on laissait l'enquête s'égarer dans les ténèbres des suppositions. Mais qui trompait-on en définitive? — Personne... excepté la justice. La peur, ce huitième péché capital, la peur, mère de toutes les lâchetés et de toutes les infamies, paralysait les langues. La peur de quoi? objectera-t-on. — La peur, cette peur spéciale que j'appellerai la *peur d'employé*... la peur de tout et par conséquent de rien. On parlait d'un puissant rempart qui le couvrait. Allons donc ! nous sommes en France, et la vérité, criée d'une voix hardie, fait comme les trompettes de Jéricho : elle bat en brèche les plus fortes murailles. D'autant plus que ces appuis quand même, donnés à des gredins de cette espèce, cachent toujours, entre le protecteur et le protégé, quelque lien peu propre. De la lumière là-dessus, de la lumière à plein jet, et, sous peine d'être accusé de complicité, l'ange gardien reploie ses ailes et disparaît par un trou de souris.

Malgré cela, ce scandale, le croirait-on, dura sept ou huit ans. Le total de ses vols s'élevait à une somme énorme et il n'avait jamais été inquiété, quand un homme adroit le fait prendre pour un malheureux billet de première classe d'une valeur de 19 fr. 40 c.

Voici comment les choses se passèrent. Un sous-chef de gare de la ligne avait été plusieurs fois obligé de rembourser des billets de voyageurs qui avaient disparu de son casier. Il savait bien à quoi s'en tenir à ce sujet; mais, nous l'avons dit, il fallait se taire. Cependant il se décida à saisir la première occasion et à briser les vitres. Il attendit, et le moment d'agir ne tarda pas longtemps à se présenter. Un jour il aperçut M. l'Inspecteur causant avec une voyageuse. Il fit un signe au surveillant, qui avait le mot, et celui-ci grimpa à un observatoire qui permettait de saisir tout ce qui se passait dans le bureau de recette.

Le supérieur entra, assista à la distribution des billets, fit quelques observations et sortit; il reprenait le train pour retourner à Paris. A peine la porte fermée derrière lui, le surveillant degringolait de sa vigie et annonçait la soustraction d'un bulletin. Le sous-chef *releva le train,* c'est-à-dire vérifia sa caisse et le compte des billets délivrés, et constata la disparition d'une première pour Paris.

Il télégraphia à la gare de Paris l'ordre d'arrêter l'invidu porteur d'un billet non timbré, ce billet ayant été soustrait du casier.

A l'arrivée l'on fit donc le contrôle, le plus

scrupuleusement possible, et l'on arrêta une voyageuse. Conduite dans le bureau du commissaire central, elle déclara tenir ce billet de la munificence d'un grand monsieur décoré, qu'elle désigna, et qui avait fait le voyage *dans le même compartiment qu'elle,* ajouta-t-elle en baissant pudiquement les yeux.

La police, qui avait vent de bien des choses, guettait un flagrant délit; il était là, patent: elle sauta dessus. Procès-verbal fut dressé; le protecteur gémit, pria, supplia : rien n'y fit.

Tout au plus monsieur l'Inspecteur, en se dépêchant beaucoup, put-il gagner le bénéfice de la contumace. Il fut condamné à cinq ans et à la dégradation de la Légion d'honneur.

Qu'est-il devenu ? on ne sait au juste. Son nom fut prononcé dans le procès d'un faux monnayeur, son ami et son compagnon de plaisirs, au temps de sa splendeur. C'était lui qui écoulait à l'étranger, dans les villes d'eau, les produits de la fabrication du célèbre faussaire. Sa vie n'est pas finie; le roman, s'il est logique jusqu'au bout, aura son dénoûment à Cayenne, au moins, sinon ailleurs.

Aujourd'hui des faits de ce genre sont impossibles, car les directeurs ne badinent généralement pas avec les voleurs : « Petits ou grands, disait l'un d'eux le jour de son avénement, tous ceux que je prendrai seront livrés à la justice. »

L'ADMINISTRATION

LE SECRÉTARIAT

La première chose que fait une compagnie en se constituant, c'est de créer un secrétariat.

Le secrétaire est ordinairement un homme du monde, sachant écrire et causer. Il a 8 à 10,000 francs d'appointements. Il assiste aux assemblées générales et aux séances du conseil d'administration dont il rédige les procès-verbaux. C'est lui qui prépare la correspondance importante de la direction, qui est chargé de la publicité, qui est en relations perpétuelles avec la presse.

C'est au secrétariat que se dépouillent toutes les lettres adressées à une compagnie et, de là, elles sont envoyées à leurs services respectifs.

La situation d'un secrétaire est extrêmement agréable. Bien qu'ayant directement affaire aux solliciteurs de places, aux quêteurs de faveurs et aux indigents, et qu'il lui faille un grand tact, il a entre les mains de quoi se faire une grande popularité et de très-belles relations. Sous ce rapport les compagnies ont eu la main heureuse.

Seulement, par contre, il leur arrive parfois de recevoir, de la part de maladroits, des pavés sur la figure.

Deux d'entre eux sont faits, à l'occasion d'un 15 août, chevaliers de la Légion d'honneur. Le lendemain, un journal, bien connu pour ses naïvetés, publiait l'entre-filets suivant :

Tout le monde a applaudi à la distinc-

tion accordée à MM. X. et Y. Certes, si le signe de l'honneur méritait d'être placé sur des poitrines, c'était sur celles de ces messieurs, qui l'ont gagnée, tant à cause de leur politesse vis-à vis du public que de leur complaisance envers la presse.

Pourquoi ne pas dire tout de suite *l'étoile des braves?*

L'administration d'un chemin de fer se compose de six parties bien distinctes :

1° L'exploitation, qui se subdivise en mouvement et trafic;

2° Le service de la voie et de la construction;

3° Le service du matérial et de la traction;

4° La comptabilité générale;

5° L'économat;

6° Le contentieux.

L'EXPLOITATION

Les appointements d'un chef d'exploitation varient de 20,000 à 30,000 fr. par an, et, si considérable que paraisse ce chiffre au premier abord, il n'est pas trop élevé, quand on songe à l'écrasante responsabilité de celui qui le touche.

Le chef de l'exploitation est chargé de faire rendre, au faisceau des forces productrices qui lui est confié, tout ce qu'il peut rendre.

Il doit posséder à fond le rendement industriel et agricole de son réseau; ses besoins, les sources alimentaires auxquelles l'industrie puise la matière première; il doit s'attacher à combiner les tarifs de façon à augmenter la prospérité des localités traversées en permettant aux produits d'arriver sur la place au meilleur marché possible : la fortune de la ligne en dépend, on le comprend facilement.

Sa mission ne s'arrête pas là. Il est le protecteur et le défenseur du commerce, ainsi que de l'industrie nationale.

En effet, les chemins de fer traversent la France dans tous les sens. Le Nord a vis-à-vis de lui l'Angleterre, la Belgique, la Hollande, une partie de l'Allemagne, et est maître du commerce de la mer du Nord; l'Ouest touche à l'Atlantique et tient la clef de nos relations avec les Amériques; Orléans nous relie à l'Espagne et dessert nos ports du Sud; le chemin de Paris à Lyon et à la Méditerranée tient l'Italie, la Suisse méridionale, l'Afrique et l'Asie par le canal de Suez; l'Est est la base de nos opérations avec l'Allemagne, la Suisse, la Russie, une partie de la Belgique et de la Hollande.

Admettez un instant des caractères corruptibles, favorisant l'importation et le transit, au détriment du commerce intérieur ou de l'exportation nationale, et la France est ruinée.

Aussi le choix des Compagnies s'est-il arrêté sur des hommes qui, outre leurs capacités, présentent des garanties de haute intégrité.

On a demandé bien souvent pourquoi, au lieu d'ingénieurs de l'État, on n'avait pas confié ces services à de grands industriels, ou à d'anciens commerçants expérimentés. C'est précisément à cause de cela.

Tout en rendant justice à l'honorabilité du grand négoce, nous sommes obligé d'avouer que l'habitude de la conduite de ses affaires particulières donne au commerçant un certain amour du lucre, de la fortune, qui développe chez lui ce que Lavater appelle *les instincts d'acquisivité.* Le fonctionnaire est moins sujet à ces tentations, surtout lorsque sa position le conduit lentement mais sûrement à une fortune. Il a, comme tout homme intelligent, une dose d'ambition, mais cette ambition est d'une nature plus relevée et il vise plutôt aux honneurs qu'à l'argent.

L'exploitation se subdivise en trafic et mouvement.

Le Trafic.

Le trafic, nous l'avons déjà dit, est chargé de tout ce qui a trait à la partie spéculative d'une ligne : l'établissement des tarifs de voyageurs et de marchandises, les propositions au ministre, les traités avec les correspondants pour la réexpédition sur des points non desservis, les relations avec le commerce, les réclamations, le contrôle, etc.

Dans la plupart des chemins de fer, ces deux dernières branches sont séparées : le trafic prend le nom d'*Agence commerciale* ou de *Service commercial.* A notre avis, c'est un tort; le contrôle ou vérification, ainsi que les réclamations, devraient relever directement du trafic.

Un chef de trafic, agent commercial ou chef du service commercial, est payé de 8,000 à 15,000 fr. par an. C'est habituellement un homme pressé, sans cesse en lutte avec des chiffres, harcelé par son chef d'exploitation, réclamant le travail avant qu'il soit commencé. Il ne faut pas attacher une grande importance à ses brusqueries volcaniques. Laissez cracher le cratère et passer l'éruption : semblable au Vésuve, il reprendra son calme et sa beauté première.

Le Mouvement.

Le mouvement est chargé de la correspondance avec les gares et stations pour le service actif; avec les Compagnies étrangères, pour la correspondance des trains; avec les administrations publiques; il fait le tracé graphique des trains en marche, sorte de carte fort simple et extrêmement ingénieuse présentant l'aspect de tout le réseau. Un chef de train y trouve l'heure de son passage à chaque point de la ligne, les trains qu'il croisera, ceux qui le précéderont, le suivront, ou le dépasseront. Le mouvement envoie le matériel où il est nécessaire; il organise la marche et la charge des trains; il loue le matériel sur les lignes étrangères; il est chargé de l'organisation du service, de la surveillance des agents des trains et de l'approvisionnement des gares.

Le chef du mouvement émarge de 10,000 à 12,000 francs. Il est logé, chauffé, éclairé. Il doit être toujours là, afin de donner à toute la ligne les ordres nécessaires, en cas d'urgence. Si un accident se produit, par suite d'ordres mal donnés, il est judiciairement responsable. Ordinairement c'est un ingénieur civil, en général décoré; ce qui lui donne un caractère doux, facile et poli. Les retards dans la décoration administrative conduisent aisément à la férocité.

Les chefs du mouvement sont habituellement mélancoliques ; cela tient aux tracasseries, auxquelles ils sont en butte, et à cette pensée perpétuelle, sur laquelle ils s'endorment le soir :

« Y avait-il bien, sur la lettre à la gare de X, que le train supplémentaire n° 226 devra partir à 9 h. 38 m. du soir? Si l'employé a mis 9 h. 40 m., il y aura à Y rencontre avec le train n° 218! Faites, Seigneur, qu'il y ait 9 h. 38 m.! »

Cette pensée, qui est à l'état chronique, transforme dans les commencements son lit en gril de saint Laurent, mais peu à peu il s'habitue à ce rhumatisme moral, qui ne lui laisse plus qu'une tristesse douce et qui ne manque pas d'un certain charme.

Les Inspecteurs.

En dehors de ces deux services et s'y rattachant en même temps, se trouvent les inspecteurs. Ce sont les aides de camp et les officiers d'ordonnance. Leur titre indique leurs fonctions : ils *inspectent*. Quoi? Tout. Ils connaissent donc tout? Il faut le croire. Ces emplois sont assez ordinairement réservés à des membres des dynasties administratives.

Lorsqu'un haut personnage a, de par le monde, un fils, un neveu, un cousin, un protégé, dont on n'a pu faire ni un auditeur au conseil d'État, ni un attaché d'ambassade, ni un substitut, ni un conseiller de sous-préfecture, ni un ingénieur, ni un officier, ni un avocat, ni quoi que ce soit, il n'y va pas par quatre chemins et demande carrément pour lui une inspection dans un chemin de fer. Cette inspection, quatre-vingt-dix-neuf fois sur cent, lui est aussi carrément refusée.

Il arrive cependant quelquefois qu'il réussit. Le jeune homme est, ce qu'on appelle, *mis à l'étude*, c'est-à-dire qu'on le fait passer par une sorte de petite filière, et, au bout de quelque temps, il inspecte.

O inspection ! douce chimère ! combien as-tu bercé de pauvres diables d'un espoir fallacieux ! Il n'y a pas de jeune employé ***plein d'avenir*** (on est toujours plein d'avenir quand on débute jeune) qui ne t'ait vue à quatre pas, là, sous la main, prête à être saisie, ô inspection fugitive ! Comme ces jeunes fronts polis, comme ces petites bouches fraîches et roses, où le rire ne demandait qu'à éclater, avaient vivement pris un aspect renfrogné, afin de tâcher d'avoir l'air sérieux ! Au lieu de porter ces jolis cols rabattus qui font valoir la beauté d'un cou de vingt-deux ans, on s'emprisonnait dans de hauts et durs carcans, tenant la tête bien levée et lui imprimant une morgue tout administrative. Se sentant appelé à de hautes destinées, on était avec ses collègues plein de réserve. On n'allait pas d'un bureau à l'autre sans mettre son chapeau, sans poser un pince-nez, qui vous rendait affreux et vous empêchait de voir clair : on tenait à la main un papier quelconque et l'on marchait toujours à petits pas pressés. Du plus loin qu'on apercevait une autorité, on faisait semblant de lire ce *document* et, à cinq pas, on envoyait un profond coup de chapeau, en donnant à son visage je ne sais quel air d'attendrissement. Et l'inspection ne venait pas !

Et si Dieu, à force de scènes de la part de votre ange gardien, avait fini par vous protéger d'une façon spéciale et par marquer votre front du sceau des élus, comme ce front devenait tout à coup d'une majesté imposante ! Et au premier voyage ! Quel travail pour donner à la physionomie un aspect *sévère mais juste*, comme celle de M. Petdeloup ! afin, qu'aussitôt que votre maman vous eût embrassé, en vous disant : « Couvre-toi bien, mon pauvre petit chéri, et ne descends pas avant que le convoi ne soit bien arrêté : je te connais, tu es si étourdi ! » toute la ligne fût saisie d'une crainte salutaire, en voyant passer le nouvel inspecteur

« un gaillard qui a l'air de tousser sec ! »

Les inspecteurs, ayant ordinairement de la fortune, sont assez bien payés : 4,000 à 5,000 francs, plus 5 à 10 fr. par jour, quand ils sont en route. Leur rêve, c'est le beau mariage.

LE SERVICE DE LA VOIE ET DE LA CONSTRUCTION

Comme l'indique son titre, cette branche de l'administration incombe au génie.

L'ingénieur en chef la dirige. Il est chargé des études, de la construction des gares, des réparations et de l'entretien de la voie.

La voie se divise en plusieurs tronçons sous la surveillance d'un ingénieur ordinaire, et ces tronçons se subdivisent en fractions surveillées par des chefs de sections.

L'École polytechnique fournit, depuis quelque temps, en grande partie les ingénieurs, et l'Ecole centrale les chefs de section.

4

(Il y a dans ce paragraphe une petite erreur que nous laissons subsister, — la coquetterie n'est pas étrangère à ce guet-apens.)

Les chefs de section ont, sous leurs ordres, les piqueurs, qui ont un certain parcours à visiter pédestrement chaque jour.

Ces derniers ont les cantonniers au-dessous d'eux. Les cantonniers n'ont d'autorité que sur les corps étrangers qui encombrent la voie.

Les appointements de l'ingénieur en chef varient de 20,000 à 25,000 francs par an. Inutile de dire que, même avec beaucoup de chances, un simple cantonnier n'arrive jamais là.

LE SERVICE DU MATÉRIEL ET DE LA TRACTION

Les compagnies adoptaient autrefois le principe du *forfait* (sans équivoque) pour ce service.

Un ingénieur, moyennant une somme annuelle, se chargeait de fournir les locomotives, les wagons, le combustible, les mécaniciens et les chauffeurs. C'est de ce service que relèvent les ateliers de charronnerie, de carrosserie, de sellerie, de lampisterie, les dépôts de machines, etc.

Depuis quelques années, on semble avoir abandonné le principe du forfait, et cette division est sous la direction d'un fonctionnaire portant le titre d'*ingénieur en chef du matériel et de la traction.*

Nous laissons ici subsister une deuxième assertion erronée; mais comme, en définitive, nous devons une explication au lecteur, nous lui avouerons que ces deux erreurs, commises de très-bonne foi dans un article de journal, nous valurent de M. Aug. Perdonnet, une autorité en pareille matière, la bonne fortune suivante.

A Monsieur le Rédacteur en chef du
Grand Journal.

Paris, le 7 juin 1865.

Monsieur le Rédacteur en chef,

Il s'est glissé dans l'article, fort bien fait d'ailleurs, fort intéressant, que M. Siebecker a publié dans *le Grand Journal*, sur l'exploitation des chemins de fer, deux erreurs d'une certaine gravité.

Il est de mon devoir de rectifier la première, dans l'intérêt du grand établissement que j'ai l'honneur de diriger ; la seconde, dans l'intérêt de la vérité.

M. E. Siebecker a indiqué le service de la voie comme partagé entre les élèves de l'École polytechnique faisant fonctions d'ingénieurs en chef, et les élèves de l'École centrale, remplissant le rôle de simples chefs de sections. Il aurait dû dire, pour être exact, que les ingénieurs en chef sur nos grandes lignes appartiennent à l'École polytechnique et qu'une partie des ingénieurs principaux ou ordinaires, ainsi qu'un certain nombre de chefs de section, appartiennent à l'École centrale. Nos élèves ont le droit d'aspirer à un grade plus élevé que celui de chef de section.

Quant au service du matériel et de la traction, il est juste de faire connaître que, sur toutes nos grandes lignes partant de Paris, celle de Lyon-Méditerranée exceptée, il est *entièrement* dans les mains des élèves de l'École centrale, qui le dirigent en qualité d'ingénieurs en chef : M. Petiet, au Nord ; M. Villemin, à l'Est ; M. Mayer, à l'Ouest et M. Forquenot, à Orléans. — *Cuique suum.*

L'autre erreur échappée à M. E. Siebecker, c'est d'avoir écrit que le service de la traction a été fait anciennement sur les chemins de fer *à forfait*. La Compagnie de l'Ouest est la seule qui ait traité pour la traction à forfait ; sur Orléans et sur l'Est, la traction a eu lieu, pendant un certain nombre d'années, *en régie intéressée*, ce qui est bien différent. Aujourd'hui on a reconnu que la *régie intéressée*, préférable sans doute au traité à forfait, présentait toutefois, à côté de certains avantages, de grandes difficultés pratiques, et partout l'exploitation a lieu en régie ordinaire.

Agréez, Monsieur le rédacteur en chef, l'assurance de ma considération la plus distinguée.

Le directeur de l'École centrale, administrateur délégué des chemins de fer de l'Est,

AUGUSTE PERDONNET.

Le lecteur voudra donc bien excuser mon stratagème et s'en tenir, comme renseignements, à la lettre du célèbre directeur de l'École centrale, devenu mon collaborateur sans le savoir.

LA COMPTABILITÉ GÉNÉRALE

Elle se divise en deux branches : la comptabilité proprement dite et la caisse.

Le chef de la comptabilité générale assiste à l'assemblée des actionnaires. Il fournit un rapport et peut être interpellé : c'est un ministre responsable. Ses livres sont sans cesse à la disposition de l'autorité.

Ses appointements sont de 12,000 à 15,000 fr.

La caisse se subdivise elle-même en caisse proprement dite et en caisse des titres. Le caissier général réunit dans ses mains les deux parties.

M. Carpentier était caissier et M. Grellet caissier des titres.

Les caissiers susceptibles vont chercher une intention malveillante dans la citation de ces deux noms. Puissent-ils trouver une compensation dans cette autre citation. — M. Chatrian (de la raison littéraire Erckmann-Chatrian) est également caissier des titres.

Le premier détail ne prouve pas plus que ces messieurs ne sont pas tous d'honnêtes gens, que le second ne doit leur persuader qu'ils sont tous des écrivains célèbres.

Les appointements du caissier sont de

6,000 à 8,000 fr., traitement bien minime pour un homme responsable de millions. Il est vrai de dire que quelques compagnies ont eu l'heureuse idée de confier ce poste à des individus affligés d'une trentaine de mille francs de rente et doués de la monomanie d'un travail de chiffres. Grand bien leur fasse !

L'ÉCONOMAT

L'économat s'occupe des achats et des ventes. Il est chargé de fournir et de réparer le matériel des bureaux, l'habillement des agents en uniforme ; il fait imprimer les circulaires, les ordres de service, les règlements, les tarifs, les indicateurs, les avis au public. L'économat, c'est la femme de ménage de la compagnie.

Nous nous permettrons ici de soumettre une proposition aux compagnies. — Leurs dépenses en papier et en impressions s'élèvent à un chiffre fabuleux. Ni les papeteries ni les imprimeries ne leur font de prix exceptionnels, et les industriels qui ont le bonheur de traiter avec elles font généralement une belle affaire.

Pourquoi, puisqu'elles ont reconnu la nécessité d'avoir des ateliers de construction pour leur matériel, n'ont-elles pas songé à organiser une fabrique de papiers et une imprimerie leur appartenant en propre ?

Elles réaliseraient par ce moyen des économies considérables.

Un chef d'économat est payé 12,000 ou 15,000 fr. par an.

LE CONTENTIEUX

Le titre indique la chose. Le chef du contentieux est habituellement un ancien avoué; c'est un homme du monde aimable et poli, très-paternel pour ses subordonnés. Ses appointements varient de 10,000 à 15,000 fr. Son personnel se recrute d'anciens notaires, d'avocats sans cause, de clercs échoués, tous garçons charmants, instruits et lettrés.

Parmi les employés du contentieux, il y a souvent un type : *M. Ego*. C'est ordinairement un individu, qui n'a jamais fait son droit, mais qui le regrette chaque jour; il prend son travail extrêmement à cœur et s'identifie tellement avec lui, qu'il vous dit, avec un aplomb imperturbable : « La compagnie des mines de Charabia m'assigne en remboursement de 150,000 fr., pour vingt-cinq wagons avariés. Vous comprenez que je repousse l'amiable : j'aime mieux plaider. Elle veut la guerre avec moi, soit, mais à outrance. L'affaire est entre les mains de l'avocat, je passe jeudi et je mangerai plutôt 300,000 fr. que de céder. »

L'employé *Ego*, qu'on trouve un peu partout, a ordinairement 1,800 fr. d'appointements. Mais il oublie cela, il est la compagnie elle-même !

PERSONNEL

Nous avons esquissé aussi rapidement que possible les grands rouages d'une administration ; mais le public n'a été mis en contact qu'avec les gros seigneurs : passons au peuple.

Imaginons un voyage et regardons ensemble tout ce qui défile sous les yeux, hommes et choses.

LA SALLE DES PAS-PERDUS

Nous arrivons. Nous descendons de voiture. Nous payons le cocher. Un homme en vareuse, numéroté au collet et à la casquette, prend nos bagages et nous entrons dans la *salle des Pas-Perdus.* Il y a là toute une étude à faire.

C'est une grande salle fraîche en été, chaude en hiver. Deux tricornes de sergents de ville vont et viennent. Des bonnes écoutent des douceurs militaires, pendant que les enfants se font bousculer par les voyageurs pressés. Deux ou trois messieurs à l'air distingué se promènent, avec un front rêveur : des *pick-pockets*. Un pauvre hère déguenillé, se baissant de temps en temps, ramasse quelque chose : une vieille croûte, un bout de cigare : — ce type que Gavarni appelle *ramasseur de n'importe quoi, n'importe où.* Des hommes causent affaires. Sur un banc une petite dame voilée attend quelque chose de désagréable pour son mari. En hiver, quelque individu en blouse, la pipe à la lèvre, les mains dans ses poches, posé sur une de ces plaques de fonte qui recouvrent les bouches de chaleur, considère cette place comme la sienne et est prêt à la défendre contre tout envahisseur. Des gens courent de ci, de là, avec l'air ahuri; des cris, des appels, des pleurs, des rires. Une dame bien gentille vous propose toutes les friandises de la librairie française. Une malle vous tombe sur la tête. Une grosse cloche retentit tout à coup à vos oreilles et vous fait bondir. Un chasseur éperdu vous fourre le canon de son fusil dans l'œil et la laisse de son chien dans les jambes. Vous êtes gris; vous ne savez pas où vous êtes, quand une voix vous crie :

— Allons donc, mon bourgeois, par ici!

C'est l'homme aux bagages, autrement dit :

LE SOUS-FACTEUR

Dans certaines compagnies, le factage est à l'entreprise, et la fourniture de ce personnel, si je puis m'exprimer ainsi, est obligatoire pour l'entrepreneur. Les compagnies affichent que le voyageur ne doit aucune rétribution à ces pauvres diables. Cependant le *pourboire* est presque leur unique gain. Les trois quarts du temps, non-seulement on ne leur donne aucun salaire, mais encore on leur fait déposer un cautionnement, en nantissement de l'uniforme dont ils sont revêtus.

Hâtons-nous d'ajouter, cependant, que malgré cette défense le public leur donne et que l'été et l'automne ils peuvent se faire de bonnes journées.

LE BUREAU DES RENSEIGNEMENTS

Vous voulez savoir ce que va coûter votre voyage, quand vous pouvez partir, quels sont les endroits où vous pourrez vous arrêter, si vous prenez un billet de touriste; vous entrez au *bureau des renseignements*. Vous voyez un homme qui délivre des billets de correspondance ordinairement. Vous le questionnez : il vous répond clairement; vous voulez lui faire répéter : il compte l'argent qu'on lui donne et vous répète. Vous le pressez, le tordez par tous les bouts, et, si, par hasard, il laisse échapper un mouvement d'impatience, vous vous en allez furieux, en disant qu'il est impoli. C'est votre droit, vous êtes voyageur.

Si l'on envoyait, de là-haut, un des bienheureux du paradis, dans un bureau de renseignements de chemin de fer, il serait damné au bout de trois jours.

Notez, en passant, que jamais un voyageur ne se trouve suffisamment renseigné. Quand l'employé aux renseignements lui a bien expliqué son affaire, il court vers un autre agent, dont ce n'est pas la spécialité, et qui d'ordinaire brouille tout. Alors il retourne vers le premier et lui fait la critique de sa réponse. Quand cela n'arrive qu'une fois, celui-ci recommence; mais, à la troisième ou la quatrième, à moins qu'il ne soit en sucre, il vous envoie au diable, et, ma foi, vous ne l'avez pas volé. Néanmoins, comme de raison, vous allez vous plaindre et vous lui faites donner un *savon*.

5.

Nous assistâmes un jour à l'un de ces *savons*. Au moment où le haut fonctionnaire l'administrait, une bonne femme vient faire je ne sais quelle demande, il lui répond avec la plus grande politesse et, se retournant vers son subordonné :

— Voilà, monsieur, lui dit-il, comme on doit traiter le public.

La brave femme revient. Il recommence :

— Il faut un peu de patience.

Elle revient trois fois.

— Mais sacredié ! madame, je ne peux pourtant pas passer ma vie à vous répéter la même chose.

Alors la voyageuse, s'adressant à l'employé, lui dit :

— A qui qu'on se plaint ici ?

— A monsieur, répond l'autre avec sang-froid, en désignant son supérieur.

La bonne femme se sauva d'un côté et le supérieur de l'autre.

Et ceci marche depuis cinq heures et demie ou six heures du matin jusqu'à onze heures et demie du soir. Chaque employé a neuf heures de ce régime-là tous les jours, dimanches et fêtes compris. Ah ! je me trompe : les dimanches et fêtes c'est encore pis. Appointements : 1,500 fr., 1,650 fr. ou 1,800 fr., avec cela, un risque de pertes d'une cinquantaine de francs, par jour, en moyenne.

LE RECEVEUR AUX BILLETS

Vous allez prendre enfin votre billet et vous vous étonnez du ton bref et de la façon leste, avec lesquels on vous dit les prix et l'on vous jette les bulletins.

Il faut faire la part de la besogne du receveur, de l'attention qu'il est obligé d'apporter dans ses calculs et considérer qu'il doit avoir présents à la mémoire :

Le prix des trois classes de 200 ou 300 stations ;

L'heure de départ pour chacune d'elles ;

La place qu'occupe chaque billet dans son immense casier.

Il ne peut prendre un crayon pour faire votre compte, attendu que tous les gens qui sont derrière vous pousseraient des cris déchirants, se figurant qu'ils ne partiront jamais. Et cependant il y en a qui calculent de tête avec une rapidité incroyable. Nous avons été témoin du fait suivant :

Le duc de M.... se rendait à Plombières, avec sa maison, mais il laissait six personnes à Troyes.

Il demanda à la receveuse : « Deux premières et quatre troisièmes pour Troyes, quatre premières et cinq troisièmes pour Plombières. »

On riposta immédiatement : 373 fr. 40 c. Nous vérifiâmes le compte, il était exact.

Au chemin de fer de l'Ouest, il y a une receveuse, dont la mémoire est proverbiale parmi tous les voyageurs de la banlieue.

Un de nos amis, capitaine au 2e voltigeurs de la garde, était caserné, depuis quelque temps seulement à Rueil, et n'était depuis ce temps venu que deux fois à Paris. Il était en uniforme· lorsque, pour la première fois, il avait pris le chemin de fer pour retourner à sa garnison.

La seconde fois, sans songer qu'il était en bourgeois, il dit, en jetant un louis :

— Une première Rueil.

— Dites donc au moins : « Première militaire! » riposta immédiatement mademoiselle X., d'un ton un peu... administratif.

Il resta abasourdi de cette preuve de mémoire.

Cette dame est arrivée à pouvoir desservir son train, sans qu'on lui dise seulement ce qu'on désire.

Le receveur doit répondre à tout, être toujours poli et ne jamais se tromper; car, si c'est à son avantage, le public réclame toujours; si c'est à son détriment, presque jamais on ne rapporte : on se figure que c'est l'administration qui perd et l'on pratique volontiers cette maxime de morale que *voler un riche n'est pas voler.*

Il est continuellement obligé d'essuyer des histoires de ce genre :

— C'est le train d'Orléans, n'est-ce pas?

— Oui, madame; dépêchez-vous! quelle classe?

— Une seconde.

— 10 fr. 65.

— Comment 10 fr. 65 ?... mais c'est un vol!

— Madame, regardez le tarif.

— Je n'ai pas besoin de votre tarif; je vais assez souvent à Choisy-le-Roi pour savoir le prix.

— Comment, c'est pour Choisy? Il fallait le dire de suite. Ce n'est pas maintenant, c'est dans une heure.

— Monsieur, vous êtes un malhonnête! et je me plaindrai à qui de droit.

— Plaignez-vous, madame; mais passez, je vous prie... Et vous, militaire?

— Bourges en Berry.

— Quelle classe?

— Classe de 1862.

Le receveur est responsable de ses erreurs; il touche environ 2,400 fr. par an, est parfois logé, commence sa journée à cinq heures et demie ou six heures du matin et ne la finit guère avant onze et demie ou minuit.

LE SURVEILLANT

Vous vous dirigez vers la salle d'attente, à la porte de laquelle un homme, revêtu d'un uniforme, demande à voir votre billet.

C'est un surveillant.

Le maximum de ses appointements est de 1,200 fr., sur lesquels on lui retient une certaine somme pour son habillement.

Son service exige une présence d'au moins dix heures par jour.

Il lui est interdit de s'absenter, de fumer, d'accepter aucune gratification du public, et tout cela sous peine d'amende.

C'est ordinairement un ancien militaire, marié et père de famille; on fait bien de l'habiller, autrement il est probable qu'il irait tout nu.

Le surveillant est inflexible dans sa consigne, et les voyageurs récalcitrants l'appellent parfois *gendarme!* Dix-neuf fois sur vingt le surveillant hausse son col, redresse la tête et répond fièrement :

— *Je suis été gendarme et je m'en fais-t-honneur !*

LE QUAI

D'après ce que le lecteur a déjà vu, il a dû comprendre qu'il était très-utile de ne pas attendre au dernier quart d'heure pour s'occuper du départ. Prenez donc vivement votre billet, faites enregistrer vos bagages, dites adieu aux gens qui vous accompagnent et entrez dans les salles d'attente. De là vous passerez sur le quai.

On appelle quais ces immenses trottoirs, qui bordent les voies et le long desquels sont formés les trains.

CHEF ET SOUS-CHEFS DE GARE

Sur le quai, des messieurs en casquettes brodées se promènent et surveillent l'entrée en voiture.

L'un est le *chef de gare :* c'est le plus brodé naturellement. C'est à lui que vous pouvez adresser vos réclamations et demander de petites faveurs.

Appointements 4 à 5,000 francs et le logement; responsabilité perpétuelle; un personnel de 150 à 200 individus à conduire

Les moins brodés sont les *sous-chefs* chargés de faire former les trains, de surveiller la manœuvre, de veiller au service de la gare, à sa propreté, de faire partir à l'heure, de noter les retards et de rédiger le rapport journalier.

Appointements 2,400 à 3,000 francs par an.

Service vingt-quatre heures et vingt-quatre heures de repos.

LES COMMISSAIRES DE SURVEILLANCE ADMINISTRATIVE

A côté des chefs de la gare, se promènent également des messieurs ayant une casquette décorée d'un aigle et ornée de deux ou trois galons d'argent.

Ce sont les commissaires de surveillance administrative. Ils appartiennent au ministère de l'agriculture, du commerce et des travaux publics.

Ils sont chargés de veiller à la stricte exécution du cahier des charges, de notifier aux compagnies les décisions de l'autorité compétente et enfin de prendre, vis-à-vis du chemin de fer, les intérêts du public, dont ils sont les avocats d'office.

Ils se recrutent généralement parmi les officiers retraités encore valides.

Pourquoi?

Ma foi, je n'en sais rien. — Ces messieurs, de fort honnêtes gens à coup sûr, ont passé trente ou trente-cinq ans de leur vie à commander : *Par quatre pour défiler* ou *rompre par la droite pour marcher vers la gauche.* L'État doit leur assurer une vieillesse à l'abri du besoin, rien de mieux ; mais alors que le budget de la guerre s'en charge. Quant à nous, nous ne voyons pas comment leur séjour à l'armée a pu développer en eux les facultés commerciales nécessaires au contrôle des chemins de fer.

Au reste, nous sommes partisans de toutes les libertés et nous affirmons que le contrôle est beaucoup mieux fait par le commerce lui-même que par MM. les commissaires, qui généralement sont incapables de contrôler quoi que ce soit et n'ont d'autres occupations, surtout à Paris, que de copier les procès-verbaux de notifications du ministre aux compagnies.

Il s'en trouve dans chaque gare importante.

LE COMMISSAIRE SPÉCIAL

Outre les commissaires de surveillance, il y

a dans toutes les gares de Paris un commissaire spécial de police, qui connaît de tous les délits et peut décréter l'arrestation préventive.

Il est assisté de deux ou trois sous-inspecteurs.

Ces derniers portaient autrefois l'uniforme, mais on le leur a enlevé, parce que les gens sujets à caution les reconnaissaient trop bien et décampaient dès qu'ils les voyaient poindre à l'horizon.

L'ÉQUIPE

Vous apercevez, sur la voie, poussant les wagons, sur le quai, roulant de petits wagonnets chargés des bagages, un peuple de gens en bourgerons de toile bleue, maintenus aux flancs par une large ceinture : c'est l'équipe.

Ces hommes risquent tous les jours de se faire hacher par une locomotive, dans un moment de distraction ; il s'en trouve souvent d'écrasés entre deux tampons; mais c'est de la casse particulière. On nous a communiqué un assez joli rapport à ce sujet :

« Le nommé X, homme d'équipe à la gare de Y, se trouvant pris de boisson, l'a été entre deux tampons et est mort sur le coup. Du reste il était coutumier du fait et pareil accident lui était déjà arrivé, l'année dernière. »

Le service à l'équipe est de douze heures : une bordée de six heures du soir à six heures du matin ; une de six heures du matin à six heures du soir.

La paye est de 3 fr. 50 par jour ; on n'y est pas commissionné, c'est-à-dire qu'on n'appartient pas, d'une manière définitive, à la compagnie, et qu'on peut être mis à la porte du jour au lendemain.

Il s'y trouve parfois des professeurs, des licenciés en droits, des jeunes gens ruinés qui n'en sont pas plus fiers pour cela.

L'un d'eux, portant un des grands noms de France, reçut l'ordre de couper de très-beaux cheveux, sa seule propriété.

— Mon temps est à vous, dit-il, mes cheveux sont à moi !

— Alors on vous renverra.

Il subit l'arrêt avec un front impassible qui semblait dire :

Frappez, ne craignez rien : Coligny vous pardonne !

Nous connaissons un avocat, une des têtes du jeune barreau actuel, qui a fait ce rude métier pendant quelque temps et qui, pour être sûr de garder son morceau de pain, disait à son brigadier, un ancien cordonnier beau parleur :

— *J'tenions, j'allons*, une *estation.*

Le chef haussait les épaules, comme Bélise, mais le protégeait.

La supériorité intellectuelle est une chose qu'on ne pardonne jamais dans les rangs de la hiérarchie administrative.

Là, comme à Rome, il faut être Brute pour devenir consul.

LE TRAIN

Les premiers arrivés ayant la faculté de choisir leur place, vous tâchez de trouver un coin et vous vous promenez le long du train, afin de découvrir un compartiment inoccupé.

On appelle *train* la réunion de tous les véhicules destinés à transporter, en un seul convoi, des voyageurs ou des marchandises. Un train de voyageurs ne peut jamais être composé de plus de vingt-quatre voitures, cela contrarie le public, mais il y a une décision ministérielle formelle à cet égard, et toute contravention est suivie d'un procès-verbal.

Le public, qui est en contact perpétuel avec eux, nous saura gré, nous l'espérons, de lui faire bien connaître les

---

AGENTS DES TRAINS

Presque tous anciens militaires, le dur service qu'ils ont à faire, la moitié de leur vie passée au grand air, que janvier gèle ou que juillet grille, le danger éternel avec lequel ils luttent en jouant, la conscience de leur grave responsabilité, soulignent pour ainsi dire encore la vigueur de leur physionomie et impriment à leur allure et à leur façon de porter l'uniforme cette crânerie qu'on ne trouve que chez le soldat en campagne.

Brefs, mais d'une grande politesse avec les voyageurs, exacts dans leur service, inflexibles vis-à-vis de la consigne, pleins de présence d'esprit, de dévouement et d'intrépidité dans le danger, soucieux, jusqu'à la brutalité, des existences qui leur sont confiées, trop insouciants parfois de la leur, d'une probité à toute épreuve : voilà quels sont ces hommes que, les trois quarts du temps, le public traite comme de simples ouvreurs de portières !

Nous avons vu, un jour, un monsieur, ayant l'intention probablement de se faire couper les deux jambes, qui s'obstinait à vouloir grimper dans un train en marche et qui voulait déposer un rapport contre un agent, parce que ce dernier s'était élancé de son marchepied afin de le repousser, en risquant peut-être sa vie à lui, pour regagner son poste,

Mais le voyageur est généralement ainsi. Arrive-t-il un accident : il jette feu et flamme contre l'imprévoyance des compagnies ; le force-t-on à se conformer aux mesures de prévoyance : il rejette feu et flamme contre le peu de complaisance et le ton bref du personnel. Livrez-vous donc à une conversation diplomatique à une station où, pendant un arrêt d'une minute, vous avez à décharger dix voyageurs et leurs bagages et à en charger autant, sans compter les marchandises! On a comparé les agents des trains aux anciens conducteurs de diligences : le parallèle est faux de tous points.

L'ancien conducteur était hâbleur, gouailleur, fraudeur et *carottier*, passez-moi le mot; l'agent des trains, au contraire, est, dans son service, grave, silencieux, probe, et s'il accepte une gratification pour un service particulier, il ne la demande jamais.

Il se rattrape en s'amusant un peu pendant les séjours, et il en a bien le droit, mais il a une inquiétude perpétuelle au fond du cœur : la crainte de *manquer son train*. Faute grave et rare.

Manquer son train! C'est tellement énorme que Ch.... arrive à Saverne au moment où le sien partait. Il reste un instant stupéfait, hésite, réfléchit, puis s'élance bravement sur la voie; mais le pauvre garçon a beau courir et faire une douzaine de kilomètres au pas de course, le train était arrivé à Strasbourg sans lui. — Était-ce naïveté ou calcul? La question est pendante encore maintenant; toujours est-il qu'on lui tint compte de ses efforts et qu'il ne fut pas puni.

Malgré son amour pour l'uniforme et la coquetterie toute militaire avec laquelle il le porte, il y a une chose qui agace l'agent des trains, c'est ce qu'il appelle la *plaque tournante*. La plaque tournante est cette casquette ronde, roide et droite, dont le dessus est couvert de cuir et qui porte au front les signes de la Compagnie : P — L — M pour *Paris, Lyon, Méditerranée,* par exemple; ce que les employés traduisent par : Plaignez Les Malheureux !

Aussi, à peine arrivé, sort-il de son sac une casquette de fantaisie. C'est son luxe, — on fait ce qu'on peut !

Les agents des trains se divisent en *chefs de train* et *gardes-freins*.

LE CHEF DE TRAIN

Est le capitaine de ce vaisseau.

Il est responsable des voyageurs, de leurs bagages, des valeurs financières qui lui sont confiées, des lettres de service qu'il a à remettre sur la ligne, des articles de messagerie, des accidents.

S'il oublie de descendre un colis ou une lettre à sa destination, amende !

S'il arrive en retard, amende !

S'il arrive en avance, amende !

Les amendes varient de 1 fr. à 10 fr.

Il couche une nuit sur deux, en moyenne, dans un lit, ne doit pas fumer, encore moins dormir.

En marche, il a autorité sur les mécaniciens et les chauffeurs pour tout ce qui concerne le service des trains et les manœuvres. Dans les gares il surveille le service des graisseurs. Lorsque, par suite de maladie ou d'accident, un agent du train quitte le service en route, il doit pourvoir immédiatement à son remplacement, en requérant un agent de la gare la plus voisine.

Appointements 1,500 à 1,800 fr., plus 2 à 3 fr. par jour, quand il découche. Il subit la retenue de l'habillement, comme tous les agents en uniforme. Bien que leurs appointements semblent très-minimes, ces agents ne sont pas bien à plaindre, à moins qu'ils n'aient de la famille. Le logement et la nourriture en province ne leur coûtent pas cher, car ils peuvent rendre de grands services à l'hôtelier, en leur amenant des voyageurs, et ce dernier sait qu'il est de son intérêt de les ménager.

Le chef de train doit consigner tous les événements du voyage dans un rapport qu'il remet à l'arrivée. S'il parle peu, en revanche il écrit beaucoup et il a des rapports qui sont des chefs-d'œuvre.

En voici quelques échantillons :

« Arrivé à S... à l'heure, avec quatre-vingts minutes de retard, etc. »

« En passant sous le pont de X..., des gens

malintentionnés, probablement, m'ont lancé sur la tête le pavé *ci-joint*, etc. »

« Perdu à Y... dix minutes pour attendre un des dieux du dix-neuvième siècle. » (Il s'agissait d'un gros financier.)

L'auteur de cette dernière métaphore s'est du reste fait une réputation d'éloquence. Il pince assez volontiers l'oraison funèbre et s'écriait sur la tombe d'un de ses collègues :

« Et quant à sa veuve, messieurs, rassurons-
« nous, en nous rappelant que la Compagnie
« est *le père* de ses employés. »

« Après avoir quitté X..., écrit-il encore dans un de ses rapports abracadabrants, je m'aperçois qu'il manque le colis n° ... A ma réclamation, le chef de gare de X.. me répond qu'il a été dirigé par erreur sur Y... Je demande qu'on me le représente. Même excuse. Mon devoir est-il, oui ou non, une religion, et les principes de 89 sont-ils, oui ou non, immortels? »

Que le lecteur ne prenne pas cela pour de la caricature; c'est de la photographie. Tout ce que nous citons est de la plus entière vérité.

L'ennemi du chef de train, c'est le chef de station. — « Quand je passe dans une station, dit le premier, j'ai qualité d'*inspecteur accidentel* sur ce qui me regarde. » — « Je suis chef de tout ce qui est dans ma station, répond l'autre, y compris le train. » Et dire que tous deux ont raison !

LE GARDE-FREIN

C'est lui qui ouvre les portières, crie les stations, fait monter et descendre les voyageurs, contrôle les billets.

Hiver comme été, nuit et jour, par la tempête ou le beau fixe, il doit se tenir dans une petite cage vitrée, dans laquelle il grille en été et gèle en hiver, et qu'on nomme la *vigie*, parce qu'elle s'élève au-dessus du tracé et que, de là, il doit regarder ce qui vient derrière. Nous profitons de ceci pour faire observer qu'il y a certains inspecteurs qui, lorsqu'ils accompagnent un train, se placent invariablement sur la machine. — C'est un tort, à moins que le train qu'on doit observer ne précède. S'il suit, leur place est dans le fourgon de queue, de la vigie duquel ils doivent observer la voie en arrière. — Qu'ils excusent la liberté grande! Cela dit, nous continuons. On l'appelle *garde-frein* parce que devant lui est un frein qu'il doit serrer ou relâcher, au commandement du sifflet du mécanicien et suivant les accidents du terrain.

Lorsque, pour un motif quelconque, en dehors de la marche normale, un train vient à s'arrêter sur la voie, le garde-frein d'arrière, sans s'informer de la cause, doit se porter au pas de course à 800 mètres en arrière du train, pour faire les signaux qui doivent le protéger. Ces signaux sont placés à 1,000 mètres au moins, si l'on est dans une courbe ou par un temps de brouillard, de neige ou de pluie.

Il couvre son train, au moyen d'un drapeau, et place sur la voie des pétards, qu'il porte dans une boîte de fer-blanc attachée à un cordon en bandoulière.

A l'explosion d'un pétard, le garde-frein serre son frein et le mécanicien arrête.

Appointements 1,200 à 1,500 fr., plus les frais de déplacement.

Les gens mariés sont sobres et rangés. Les garçons, au contraire, se laissent parfois aller aux tentations de la bouteille ou du cotillon, mais pendant les séjours seulement.

Le garde-frein, c'est la gazette, la bavarde, la pie de la ligne. C'est lui qui colporte la nouvelle, le mot drôle, le scandale du jour, de Paris à Lyon, Bordeaux, Strasbourg, Lille, etc. On ne peut se figurer ce que chacune de ces étroites langues de terre, taillées par l'industrie sur le territoire français, peut contenir de cancans! Il y a de quoi défrayer dix petits journaux.

LE MÉCANICIEN

Le mécanicien est peut-être le plus heureux des agents du service actif. Sa spécialité lui permet une certaine indépendance d'allures, provenant de la certitude qu'il a de ne pas chômer d'emploi. Si ce n'est ici, ce sera ailleurs.

Il ne fait, sur certaines lignes, que de petits voyages. Tous les 100 ou 150 kilomètres, on change de locomotive et il ne quitte pas sa machine. Il a 2,400 fr. par an, ordinairement, et l'indemnité de déplacement. De plus, s'il économise le charbon, il partage, dans une certaine proportion le bénéfice avec la Compagnie, et peut, par ce moyen, se faire environ 600 fr. de plus, par an.

Lorsqu'un accident a lieu, le mécanicien est rarement avarié. Il semble avoir fait un pacte avec le bonheur.

L'un d'eux était ivre. Il tombe de sa machine, et, par une de ces faveurs qui ont fait inventer un dieu pour les ivrognes, le train passe sans le toucher; il se raccroche au dernier wagon, l'escalade, et, sautant de voiture en voiture, pendant la marche à toute vapeur, il parvient à rejoindre sa locomotive. S'il s'était trouvé un tunnel, il était décapité.

Ils ont souvent une présence d'esprit grâce à laquelle ils ont sauvé quelquefois tout un convoi, qui certes ne se doutait pas du danger.

Un soir, sur la ligne du Nord, une grosse voiture de pierres se trouve sur la voie et ne peut démarrer, lorsqu'un train de grande vitesse arrive à toute vapeur.

Le mécanicien aperçoit la chose, mais il est trop tard pour battre à contre-vapeur et arrêter.

Que faire? — Un trait de génie lui passe par la cervelle.

Il lâche sa plus grande force au risque de se faire tuer; le théorème suivant venait, comme Minerve, de sortir tout armé de sa tête :

« Dans la rencontre d'une force active avec une force inerte, le poids de la force active multiplié par la vitesse produit un choc, dans lequel les chances de souffrance pour la force active sont en raison inverse du coefficient d'impulsion. »

Et le fait fournit la démonstration : chariot, pierres et chevaux sont lancés à vingt mètres; le train sent un frémissement de la tête à la queue, mais continue fièrement sa route en sifflant une fanfare de victoire.

Le mécanicien en fut quitte, je crois, pour une dent cassée.

Ce héros n'a pas été décoré.

Le mousse du mécanicien, c'est

LE CHAUFFEUR

Pauvre diable, chargé de nourrir incessamment le gosier de l'hydre. Il gagne 1,200 fr. par an, au plus, et ne supporte généralement sa dure et précaire position que dans l'espoir de devenir mécanicien un jour.

Si le mécanicien n'est presque jamais tué

dans un choc, le chauffeur, en revanche, l'est toujours.

Pourquoi ?

On ne sait pas. *Sic fata voluere.* Ses moyens ne lui permettent pas d'avoir une étoile à lui. Il y a des êtres qui laissent toujours tomber leur tartine du côté des confitures : le chauffeur est de ceux-là !

Au reste, par un sentiment exquis et étrange en même temps, il semble que les hommes, sans s'en rendre compte eux-mêmes, comprennent qu'ils doivent une compensation aux maltraités de l'ordre social ; aussi, lorsque la légende vient poétiser une figure, c'est presque toujours celle d'un paria. Le chauffeur a la sienne. La voici :

. . .

La légende du chauffeur

On était parti de Marseille à dix heures du soir. Le train était express et portait le n° 4.

Il contenait huit voitures de premières, deux fourgons à bagages, un wagon complet de château-laffitte en fûts, trois wagons complets de terre sulfureuse de Lahore. Vous vous étonnez de ces derniers chargements? Attendez.

Le chef de train s'appelait Bertrand; les gardes-freins Passard et Crollac; le mécanicien Grubert et le chauffeur Frohlig.

C'était en hiver et il n'y avait dans le train que douze voyageurs partant de Marseille. C'étaient: M. Batelier, agent de change à Paris et l'un de ses commis; le consul général de Russie au Caire, sa femme, ses deux filles, leur gouvernante et une femme de chambre; un employé supérieur de l'isthme de Suez; deux inconnus, et enfin sir William Flambothnot, esq. (de Harrogate, Yorkshire.)

Ce dernier arrivait des Indes, où il était allé passer quatre ans, pour bonifier son château-laffitte. En voyageant dans le royaume de Lahore, avec cinquante coolies pour porter ses futailles et deux cents cipayes pour les escorter, il avait découvert, au fond d'une excavation naturelle, des gisements étranges, mi-partis houille et mi-partis soufre, d'une puissance combustible extraordinaire. Il en avait fait enlever quinze mille kilogrammes qu'il voulait soumettre à la Société de géologie d'Edimbourg dont il était membre correspondant. Arrivé à Marseille, via Suez, il avait obtenu de la compagnie de Lyon, à des conditions folles, l'autorisation d'emmener avec lui, par l'express, ce qu'il appelait ses trésors, c'est-à-dire son vin et sa terre.

On filait avec la vitesse réglementaire de 43 kilomètres à l'heure. Il pouvait être quatre heures un quart du matin ; la nuit était noire et pluvieuse, lorsqu'entre Tain et Saint-Rambert une discussion s'éleva entre Grubert et Frohlig. Ces deux hommes depuis longtemps ne s'aimaient pas. Le premier était dur et grossier, le second peu intelligent, mais plein de bonne volonté. Chargé de famille, il était depuis dix années à la compagnie et attribuait, à tort ou à raison, son peu d'avancement aux rapports de son mécanicien.

Néanmoins, dans la discussion, il avait

apporté tout le calme possible, parce qu'on lui avait annoncé officieusement qu'il allait être attaché à un autre dépôt, en qualité d'élève mécanicien. Malheureusement Gruber, suivant son habitude, laissa échapper le mot rapport.

Frohlig devint pâle, vit toutes ses espérances détruites, son rêve reculé de dix ans encore, sa famille mourant de faim :

— Vous ne feriez pas cela, monsieur Grubert, insinua-t-il doucement.

— Moi, je me gênerais! Vous verrez en arrivant.

— Eh bien ! alors, vous êtes un misérable.

Le mécanicien, rouge de colère, s'approcha les poings fermés :

— Tu n'oserais pas répéter.

— Tu es un misérable !

Il leva le bras. Une main dure comme une tenaille le lui saisit au passage. Il essaya de se dégager, impossible. Il fit des sauts, des soubresauts, puis tout à coup poussa un cri terrible, les pieds venaient de lui manquer et il roulait en bas de la machine.

Frohlig, pâle comme un mort, les yeux égarés, les deux mains appuyées sur le petit escalier, regarda sur la voie : le corps était déjà hors de vue.

Le train filait à 43 kilomètres à l'heure; on approchait de Saint-Rambert, où l'on s'arrête pendant cinq minutes.

La tête de Frohlig disparut complétement. Gendarmes, juges, échafaud, c'en était trop. Il chauffa et dépassa la station. Chef de train et gardes-freins ne savaient ce que cela voulait dire et la cloche de la locomotive tintait, tintait avec un glas funèbre.

Frohlig coupa la corde et continua à chauffer de plus belle.

Le train filait avec une vitesse de 55 kilomètres à l'heure.

Le chef de train, ne pouvant plus sonner, criait quelque chose aux cantonniers, faisait des signes avec les bras. Les cantonniers, qui n'ont pas toujours inventé la vapeur, n'entendaient rien du tout et essayaient de courir après le train en criant :

— Plaît-il ?

Mais le chef d'une petite station, voyant passer, comme un éclair, ce train qu'il n'attendait qu'une demi-heure plus tard, télégraphia immédiatement à la station voisine :

Le train 4 est fou; il arrive sur vous. Dégagez la voie et faites suivre la dépêche.

Partout on était prévenu; on dégageait; le train passait et l'on se disait : quand il n'y aura plus ni eau ni charbon, il faudra bien qu'il s'arrête.

Mais on n'avait pas songé à la terre sulfureuse et au château-laffitte. Frohlig, avec l'agilité d'un chat, sautait sur les wagons et remplissait les seaux à incendie de vin et de combustibles. Paris donna l'ordre d'aiguiller sur la Ceinture et La Chapelle aiguilla sur le Nord. Le train suivait les télégrammes; il quitta la France, passa en Belgique, dans le Luxembourg, en Allemagne.

Il filait, filait avec une vitesse de 120 kilomètres à l'heure, quarante de plus que la malle des Indes.

Le train 4 est perdu. On dit qu'il a gagné la Russie et, de là, la Sibérie ; la machine, en roulant sur la glace, creusait des rails naturels dans lesquels s'emboitaient parfaitement les roues des wagons.

Un seul homme peut en donner des nouvelles, c'est Frohlig, qui porte actuellement le n° 333 à la maison d'aliénés de Stephens-feld (Bas-Rhin).

EN ROUTE

MESSIEURS LES VOYAGEURS

Les chemins de fer n'ont pas précisément servi à la propagation de la politesse ou de la galanterie française. Si vous n'avez pas eu le bonheur de trouver ce coin tant rêvé, maussade et grognon, vous vous installez où vous pouvez, en jetant, sur les plus heureux que vous, un regard de haine et d'envie. Vous rêvez, jusqu'au moment du départ, une catastrophe quelconque qui oblige une des personnes accotées à retarder son voyage.

Si vous saisissez une de ces places bénies,

farouche, vous vous y installez, prêt à la défendre jusqu'à la mort. Que vous importe qu'une femme, un enfant, un malade soit à vos côtés obligé de souffrir d'une longue route? Vous vous êtes muni de journaux et de livres, afin de vous distraire, et vous ne vous occupez pas plus de vos voisins que s'ils n'existaient pas.

Votre plus grande crainte est de voir une femme se diriger vers votre compartiment. Une femme! un être qui ne peut supporter la fumée, qui vous criera de fermer la fenêtre, si elle est sujette au rhume. Alors, jusqu'au moment du départ, il s'agit d'éloigner ces êtres importuns. Vous vous mettez à la portière avec votre cigare, vous tâchez de vous rendre laid, hérissé, vous jurez, vous sacrez et vous êtes l'être le plus heureux du monde, si vous voyez une jeune femme reculer, avec horreur, en apercevant votre tête, et s'élancer vers une autre voiture.

— Merci, mon Dieu! vous écriez-vous, merci, on m'a pris pour un manant! Je vais donc être à mon aise.

Nos pères, qui voyageaient dans des diligences où l'on était horriblement mal, nos pères qui mettaient deux jours et deux nuits à faire le trajet que nous accomplissons en huit heures, nos pères, ces vieux rococos, dès qu'ils apercevaient une femme se dirigeant vers le véhicule qu'ils occupaient, donnaient un coup à leur coiffure et présentaient la main pour l'aider à monter; s'il ne restait plus de coin, c'était à qui offrirait le sien. La nuit venait-elle, et avec elle le froid ou la fraîcheur, ils étaient heureux si la voisine daignait accepter la moitié de leur manteau ou de leur couverture de voyage, et ils se sentaient payés avec usure d'un sourire, d'un furtif serrement de main ou d'une piécette quelconque de la menue monnaie de cette galanterie française, passée aujourd'hui à l'état de légende.

Puis on causait. Au bout d'une heure, la diligence était tout simplement un salon roulant et, à la fin de la route, on se quittait, en se saluant affectueusement, et quelquefois en se donnant une poignée de main.

Aujourd'hui il n'y a plus de salon ; les mœurs de cafés nous ont rendus ours et égoïstes.

Chacun pour soi, chacun son écot. On fait cent vingt lieues sans adresser la parole à ses compagnons et on les quitte sans les saluer. Les mœurs ont tellement changé, que la jeune fille la plus innocente reculera avec défiance devant une simple politesse faite par un voyageur, sachant parfaitement qu'elle cache une arrière-pensée inavouable.

Et elle aura raison : le plus grand désir de l'homme, s'il supporte une femme dans son compartiment, sera d'être seul avec elle et de se faire payer avec usure ses moindres attentions. Aussi nous ne pouvons trop engager les femmes voyageant seules à se placer dans les wagons réservés à leur sexe.

Vous vous établissez donc où vous pouvez, le plus commodément possible, sans vous occuper des convenances. La nuit venue, vous ôtez vos bottes pour passer des pantoufles ; vous entortillez votre tête d'un mouchoir, pour un peu vous mettriez votre chemise de nuit ; le besoin du bien-être matériel est tellement puissant que vous maugréez d'être forcé de quitter votre place aux endroits où l'on arrête cinq minutes pour obéir à d'impérieuses obligations, et votre dédain du *Qu'en dira-t-on* est tellement grand que vous ne prenez même pas le soin de vous arranger pour revenir : non, les trois quarts du temps, c'est la main encore à la recherche de votre bretelle que vous regagnez votre place, sous les yeux des femmes et des jeunes filles qui ont la tête aux portières.

C'est le matin, au petit jour surtout, que ce spectacle est caractéristique.

Rien n'est laid comme un lever de soleil venant éclairer un train en arrêt dans une station.

Tous ces gens ont la tête entortillée de foulards, couverte de bonnets de coton, de calottes enfoncées jusqu'aux oreilles, les yeux à moitié fermés, avec le débraillé ou le sans-gêne d'une toilette de nuit, se bousculant sans égard pour le sexe ou pour l'âge vers les *côtés des hommes ou des femmes*, vers les buffets ou les buvettes !

Pouah ! le vilain spectacle !

Allons ! allons ! avouons une chose, le confortable a tué les mœurs de bonne compagnie !

COMMENT ON MARCHE PARTOUT

Voulez-vous savoir la vitesse que vous parcourez à l'heure, une fois le train en route ? Voici le tableau de cette vitesse sur les chemins français.

NOMS DES RÉSEAUX.	KILOMÈTRES A L'HEURE.		
	Trains express.	Trains poste.	Trains directs.
Paris à Lyon et à la Méditerranée....	58 à 60	»	»
Nord..............	60 à 73	»	46 à 47
Orléans...........	55 à 60	»	»
Est...............	66 à 70	54 à 62	46 à 60
Ouest.............	60 à 68	»	50

NOMS DES RÉSEAUX.	KILOMÈTRES A L'HEURE.		
	Trains semi-directs.	Trains omnibus.	Trains mixtes.
Paris à Lyon et à la Méditerranée....	»	35 à 45	35 à 45
Nord.............	»	40 à 50	30 à 36
Orléans..........	»	45 à 50	35 à 40
Est..............	46 à 60	46 à 50	35
Ouest............	»	45 à 48	35 à 40

Les guillemets indiquent que le train n'existe pas sur le réseau.

En Angleterre.

	Kilomètres à l'heure.
Les post-trains font....	60 à 65
Les express-trains.....	58 à 61
Les fast-trains.......	48 à 54
Les ordinary-trains....	40 à 48
Les parlementary-trains.	30 à 40

En Allemagne.

La limite est de 75 kilomètres à l'heure, et elle n'est jamais atteinte.

	Kilomètres à l'heure.
Les express varient entre.	35 et 45
Les omnibus.	26 et 38
Les mixtes.	16 et 24

Je ne connais pas les vitesses dans les autres nations. Sur les chemins pontificaux, on prétend, qu'en express, le cantonnier allume son cigare à celui du mécanicien, sans arrêter le train et sans monter sur la locomotive.

Nous voici donc en route, lancés à la vitesse qu'il vous plaira. A l'endroit où les voies se croisent, vous apercevez une petite baraque généralement couverte de verdure et dans laquelle un homme peut se tenir, à la condition de n'être ni debout, ni couché. Saluez cet homme, c'est

---

L'AIGUILLEUR

C'est lui qui tient entre ses mains la vie de 4,000 à 5,000 personnes par jour.

Il a un drapeau à la main, pour indiquer que la voie est libre ou fermée; il a une trompe à la main, pour annoncer l'arrivée des trains du plus loin qu'il les aperçoit; il aiguille ceux qui partent sur la voie qu'ils doivent parcourir.

Il touche 1,200 fr. par an à Paris; jugez combien sur la ligne!

Pour ce prix, il lui est enjoint, pendant six heures consécutives, qui se répètent deux fois par jour, de regarder à la fois : devant lui, pour voir s'il ne part rien; derrière lui, pour voir s'il n'arrive rien.

Il ne peut avoir une seconde de distraction.

Il ne doit pas oublier que le train partant à telle heure doit s'élancer sur la voie numéro 3 ; que celui qui arrivera à telle autre doit emprunter la voie numéro 5, etc., etc.

C'est le *Gringalet* de la maison! Arrive-t-il la moindre des choses, jusqu'à la fin de l'enquête, soyez sûr qu'on n'entend que ce cri :

— C'est la faute de l'aiguilleur!

L'aiguilleur doit être un être parfait. Adam, avant la chute, eût été bon aiguilleur.

Aux qualités qu'on exige d'un aiguilleur, connaissez-vous beaucoup de gros bonnets dignes d'aiguiller!

Ah! si celui qui écrit ces lignes était obligé de faire ce métier!... Non! je vous engage à ne pas y penser, — ça donne froid aux moelles! *Si l'aiguilleur avait tant soit peu d'imagination, il tuerait 25 personnes par jour.*

Si j'étais aiguilleur, je ne saluerais personne, et tous mes contemporains seraient, en passant, forcés de se découvrir devant moi en me disant :

Ave, aiguilleur, te morituri salutant!

Ces hommes mettent ordinairement beaucoup de zèle à leur service.

L'un d'eux perd sa femme; les lettres de faire-part sont lancées. A l'heure indiquée pour l'enterrement, le chef de gare le trouve à son poste :

— Comment, dit-il, vous n'êtes pas à l'enterrement?

— Monsieur, répond l'aiguilleur avec dignité, le service d'abord, le plaisir ensuite.

LE CANTONNIER

Mais le train va le diable ; la rapidité est telle que, si vous regardez à la fenêtre, vous croyez demeurer en place et voir les poteaux télégraphiques se livrer à une sarabande infernale.

De temps à autre, vous apercevez un homme dont la blouse est serrée par un ceinturon, auquel pend un étui que, de loin, vous prenez pour un sabre. — C'est un cantonnier.

Il est chargé de l'entretien d'un tronçon de la voie ; l'étui qui pend à son côté renferme un petit drapeau dont la flamme est de différentes couleurs.

Quand la voie est libre, il se tient avec le bras étendu dans la direction que suit le train. S'il tient le drapeau, c'est que, suivant la couleur qui flotte, il faut ralentir ou arrêter.

Vous êtes bien disposé à plaindre ce brave homme, n'est-ce pas ?

Eh bien, ne vous pressez pas ! Être cantonnier, pour l'homme dégoûté de ce monde, pour le philosophe, pour l'employé qui a vu fuir toutes ses illusions, être cantonnier, c'est le bonheur! Suivant la contrée où il se trouve, ses appointements varient de 400 fr. à 600 fr. C'est peu, mais presque toujours sa femme est

---

GARDE-BARRIÈRE

C'est elle qui est chargée de la surveillance des passages à niveau et de la fermeture de la barrière, quelques minutes avant le passage des trains.

Elle a 200 à 300 fr. d'appointements, une petite maisonnette et un jardinet. Entre deux convois, elle veille à son ménage, aime son mari, fait des enfants, les allaite, les élève, les marie et s'endort du sommeil éternel, après avoir vu le monde passer sous ses yeux, mais sans l'avoir connu.

LE CHEF DE STATION

Beaucoup de gens se demandent la différence qu'il y a entre une gare et une station.

Une gare est une station importante. — Une station est une gare qui ne l'est pas.

Un train de grande vitesse passe dédaigneusement devant un modeste bâtiment à un seul étage, au front duquel vous lisez, malgré la rapidité de la marche, le nom d'une localité ignorée.

C'est une station.

Cette station a un chef. Chef! Comme si la fortune avait voulu aiguiser une ironie sur ce pauvre diable.

Ce *chef*, puisque chef il y a, est souvent seul. Il délivre les billets aux voyageurs, inscrit leurs bagages, enregistre les expéditions, fait passer les voyageurs sur le quai, y roule leurs colis, ainsi que la messagerie, qu'il charge parfois lui-même dans les fourgons. Nous en connaissons un qui se cache pour exécuter ce qu'il appelle les *basses-*

œuvres. Quand tout est prêt, il crie au chef de train : « Y sommes-nous ? — Oui, répond ce dernier. » Alors se tournant d'un autre côté : « Sonnez ! » commande-t-il à un être invisible. Le coup de cloche retentit. Le malin tient l'instrument dissimulé derrière son dos : sa dignité est sauvée !

Il doit être présent au passage de chaque train qui fait arrêt à sa station, ce qui a lieu au moins deux fois dans la nuit ; en sorte qu'il est obligé de payer par à-compte son tribut au sommeil.

Moyennant quoi il touche 800 fr. à 1,000 fr. par an, ce qui, avec le bureau de poste qu'il tient quelquefois, et qui, par conséquent, augmente encore sa besogne, lui fait un revenu annuel de 1,000 à 1,200 fr. Il est logé et a un petit jardinet.

LE BUFFET

Les buffets sont loués à des industriels qui payent une certaine redevance aux compagnies. Malheureusement, soit défaut de surveillance, soit impossibilité de faire autrement, les consommations y sont chères et généralement médiocres. — N'essayez jamais de faire ce qu'on est convenu d'appeler un bon dîner, dans un buffet; prenez des choses toutes prêtes et sur le pouce : un potage, une volaille froide, du jambon; autrement vous courez risque, non-seulement de ne pas finir de dîner, mais encore de payer fort cher.

Pénétré de cette vérité que les buffets ont besoin d'une surveillance active, il paraît qu'un célèbre bohême, le dernier bohême, avait, quelque temps avant sa mort, demandé pour lui la création d'une inspection générale des buffets.

PELURE-D'OIGNON.

Les diligences avaient leurs chiens. Les chemins de fer les interdisent à leur personnel et ils font bien. Cependant il y a eu une exception. Cette exception s'appelait *Pelure-d'oignon.*

C'était un *lou-lou,* auquel on avait donné le nom de la couleur de son poil. Il n'appartenait à personne, pas même à une compagnie. C'était le chien des chemins de fer, — non pas des chemins français, mais des chemins de fer de l'Europe. *Pelure-d'oignon* eût fait ce livre dans la perfection !

D'où venait-il? On ne l'a jamais su. Le bruit courait que c'était le chien d'un mécanicien qui avait été tué. On flattait le défunt; évidemment ce devait être un chauffeur !

Bref, *Pelure-d'oignon* avait ses entrées dans toutes les gares. Le surveillant le voyait arriver droit vers la porte du quai et le faisait entrer. Le chien choisissait son train, sautait sur la machine et, de là, sur un wagon, du haut duquel il regardait dédaigneusement monter les voyageurs, en attendant le signal. Pendant ce temps, les fonctionnaires de la gare lui jetaient des morceaux de sucre, puis on filait. En route, il lui prenait parfois une réflexion, un train croisait ou dépassait le sien, — il sautait dessus et changeait son itinéraire.

On l'avait aperçu entre Bruxelles et Louvain, entre Linz et Vienne, entre Paris et Saint-Denis. Quand il arrivait, il suivait le premier agent en uniforme qu'il rencontrait, arrivait dans sa famille ou à son auberge et tout le monde s'écriait : « Tiens, voilà *Pelure-d'oignon :* il faut préparer la pâtée! » Après dîner, il fallait lui ouvrir la porte; il repartait pour la gare, où il passait la nuit, ou bien reprenait le premier train qui partait pour une destination connue de lui seul.

Un jour on se demanda partout : « Où est donc *Pelure-d'oignon!* » En un clin d'œil, cette question se croisa dans toute l'Europe. Tout le monde la fit, personne ne la résolut.

Voici cinq ans que *Pelure-d'oignon* a disparu.

L'ARRIVÉE

On arrive; pendant qu'on saute sur le quai, pour se dégourdir les jambes, les facteurs préparent les bagages, et, en très-peu de temps, on peut être en possession de son bien et se mettre en route pour chez soi ou pour son hôtel.

Lorsque vous êtes certain de votre destination, prenez, soit une voiture particulière, soit un omnibus du chemin de fer, mais ne prenez jamais un commissionnaire. — Vous

vous fatiguerez d'abord et vous le payerez aussi cher qu'une voiture.

Les omnibus des chemins de fer qui se rendent dans les divers quartiers de la ville devraient être exclusivement réservés aux voyageurs descendant du train ; malheureusement, l'absence d'une pièce justifiant de leur arrivée fait que souvent des intrus s'y introduisent, et que ceux pour lesquels ils ont été inventés n'y trouvent pas de place.

Autre conseil : Allez au premier hôtel venu, mais ne demandez jamais à un sous-facteur de vous conduire dans un hôtel pas cher et où vous soyez bien, car il vous conduira tout droit chez M. Renard, à

L'HOTEL DES VILLES HANSÉATIQUES

C'est à deux pas d'ici : les *Villes Hanséatiques* sont toujours à deux pas d'une gare.

M. Renard se promène de long en large devant la maison; ses garçons l'entourent et déchargent le facteur. Ce dernier monte avec vous et reste un instant à parler avec la dame du bureau. Vous vous rendez à votre chambre sans vous inquiéter du motif qui arrête cet homme, auquel vous donnez 1 fr. 50 c.

A peine êtes-vous installé, que deux petits coups discrets sont frappés à votre porte : c'est M. Renard, qui vient voir si vous avez tout ce qu'il vous faut.

Il a la figure aimable, M. Renard, son sourire est obséquieux et laisse voir une double rangée de dents pointues.

Son œil est petit et rusé. Le rouge vif de ses oreilles et une légère érubescence des ailes du nez indiquent chez lui un innocent penchant au sensualisme.

— Monsieur doit-il rester quelques jours ?

— Non, je repars demain matin, par l'express, pour la Suisse.

— Diable! diable! Alors monsieur a à peine le temps de reposer. Monsieur désire-t-il qu'on lui serve quelque chose ?

Vous demandez un consommé et un doigt

de vin. Tout cela vous est monté immédiatement. Le vin est bien cacheté, le consommé est du bouillon de gargote à 32 sous. Vous vous mettez dans les draps, en recommandant qu'on vous réveille à six heures.

A six heures précises vous êtes sur pied.

Vos bottes sont nettoyées, vos habits brossés, vous vous habillez et vous demandez votre note :

Chambre . .	4 fr.	» c.
Bougie . . .	1	»
Service . . .	1	»
Consommé .	»	75
Bordeaux ord.	2	»
Pain. . . .	»	25
Total. .	9 fr.	» c.

Une nuit, 9 francs! Mais M. Renard sourit si gracieusement en vous disant :

— Le garçon est déjà parti avec les bagages de monsieur. Monsieur n'a plus que trois minutes ; il est vrai que la gare est en face.

Vous n'avez pas le temps de ne pas être désarmé.

A ce moment, arrive une voiture de bains à domicile. M. Renard s'écrie :

— Le bain des Anglais ! Quel numéro, madame ?

— Numéro 6, répond la dame du bureau, à laquelle vous êtes en train de payer.

Un instant après, un grand jeune homme blond descend, en disant avec un fort accent britannique :

— Aaô, mossieu, jé havé pas demaandé dé bain, puisqué jé paaartai, par l'express, pour Maaarseille.

— Comment, monsieur ! Mais, hier soir, devant madame, vous avez commandé...

— No, no ! jé croyais pas !

— Ah ! mais j'en suis certain, et madame aussi, sans quoi je vous eusse fait réveiller plus tôt que cela ; il est moins vingt et il faut une heure, en voiture, pour aller à la gare de Lyon.

— Aaô, jé paarlai mal français; jé havé

peut-être mal expliqué moa. Je gaardai le bain.

— D'autant plus, monsieur, que c'est très-sain en voyage, et puis ça nettoie. Vous partirez ce soir par le train-poste.

On vous a rendu votre monnaie, vous vous sauvez, vous n'avez que le temps.

Vous arrivez dans la salle des Pas-Perdus et vous cherchez le garçon avec vos bagages.

— Dépêchez-vous, monsieur, on va fermer le guichet.

— Vous n'avez pas vu un garçon d'hôtel avec une malle et un carton à chapeau ?

— Non, monsieur, répond le surveillant mais prenez toujours votre billet. De quel hôtel venez-vous ?

— Des *Villes Hanséatiques*.

— Alors reprend le surveillant, en souriant, vous partirez demain ; vos colis doivent être au Nord en ce moment. — Fermez !

Et le guichet se baisse devant votre nez. Furieux, vous retournez à l'hôtel.

— Vous avez manqué le train ? s'écrie M. Renard en vous apercevant.

— Non, monsieur, mais je ne sais où est votre garçon.

— Comment, vous ne l'avez pas vu? c'est impossible!

Vous vous désolez; M. Renard est encore plus furieux que vous.

Enfin le garçon arrive essoufflé.

— D'où venez-vous!

— Eh! parbleu! de la gare. Voilà une heure que j'attends monsieur; le train est parti; j'ai mis les bagages à la consigne. Voici le bulletin. Il n'y a plus de train, pour Bruxelles, avant ce soir.

— Ah ça! à quelle gare avez-vous été? demande le patron.

— Mais, monsieur, au Nord.

— S... imbécile! On vous dit que monsieur va à Bâle.

— Eh bien! est-ce que je sais, moi! Croyez-vous pas que c'est pour m'amuser que j'ai fait un quart d'heure de chemin de plus?

— Tenez, je vous donne vos huit jours; je ne veux pas perdre ma clientèle pour vos beaux yeux. Taisez-vous! je vous chasse!

Le malheur du garçon vous console du vôtre et vous vous résignez à partir le lendemain, car vous ne voulez pas voyager la nuit.

Le lendemain, votre note monte à 45 fr., mais vous ne manquez plus le train; c'est un autre garçon qui porte vos bagages. Seulement, si vous êtes observateur, vous verrez arriver une nouvelle voiture de bains à domicile, pour un nouvel Anglais débarqué dans la journée. Et, au guichet, vous apercevrez un autre voyageur qui peste, jure et sacre contre le garçon, qui n'a pas apporté ses bagages. C'est le garçon du Nord qui, depuis cinq ans qu'il est chez M. Renard, est congédié tous les matins.

En face de chaque gare, il y a au moins un *Hôtel des Villes Hanséatiques*. Mais pourquoi les facteurs y conduisent-ils les voyageurs? Parce que les facteurs y vendent les voyageurs 2 fr. pièce.

L'INSPECTEUR GÉNÉRAL DES HOTELS

———

Au reste, il existe un moyen de ne pas se faire voler. Un homme s'est constitué le défenseur du voyageur contre les aubergistes.

Ma rencontre avec lui est assez originale pour que je la raconte.

Je voyageais en Hollande. C'était le matin ; j'étais à déjeuner dans le seul hôtel convenable d'une petite ville, que je ne veux pas nommer.

Tout avait ce caractère de scrupuleuse propreté qui distingue le Néerlandais. — Mais ma nuit avait été atroce.

Des camarades de lit d'une voracité terrible !

Tout à coup un va-et-vient extraordinaire a lieu dans la salle dans laquelle je prenais mon repas. La maîtresse de la maison avait aperçu quelque chose dans la rue. Le patron courait de tous côtés donnant des ordres. — Les servantes se bousculaient ; enfin la porte s'ouvre, un homme très-jeune entre. Tout le monde va au-devant de lui. Il reçoit ces hommages avec un calme plein de dignité et comme quelque chose qui lui est dû.

— Un prince, voyageant incognito, me dis-je, et pourtant je connais cette tête-là !

Quand il en a fini avec toutes les salutations, il s'écrie :

— Ah ça ! qu'est-ce que j'apprends ? Il y a des punaises, à ce qu'il paraît, ici ?

Tout le monde baisse les yeux, rougit et moi je me gratte.

— Il faut que cela disparaisse. — Je repasse dans huit jours. — S'il en reste une seule, je ferme la maison. En attendant (et il fouille dans une petite sacoche qu'il porte en bandoulière) voilà trente boîtes d'insecticide, que je vous donne. Mais faites attention à ce que je vous dis. — Si je rencontre une punaise à mon retour, biffé du *Guide!* Je ne veux pas que mon voyageur soit dévoré.

— Monsieur de Conty, soyez persuadé... répond l'hôtelier.

A ce nom je me lève. Henri de Conty avait été mon camarade de collége et il y avait quinze ans que je ne l'avais vu.

Nous voilà installés à la même table.

— Mais, lui dis-je, comment se fait-il que, te quittant futur magistrat, je te retrouve dressant des réquisitoires contre les petits parasites du royaume des Pays-Bas ?

— L'amour du droit, me répondit-il, n'empêche pas l'horreur des punaises. Je suis avocat, mais voyageur avant tout. Or, j'ai été étrillé et dévoré comme pas un. J'ai juré de faire cesser ces abus, dans toute l'Europe, et j'ai fait les *Guides* qui portent mon nom. As-tu un *Guide Conty?*

— Non.

— Tiens, en voilà un. Celui de *Belgique et Hollande.* Tu te présentes, de ma part, avec ce petit livre à la main dans l'une des maisons que je recommande. Tout le monde est sur le pont, et le roi ne sera pas mieux traité que toi. Tu ne payes que le prix indiqué, pas un sou de plus, ni de moins.

— Mais d'où vient ta puissance?

— Ah! voilà! Ouvre la petite poche qui est dans l'épaisseur de la couverture; vois ce petit livre rose. Regarde: Prière, à la fin du voyage, de renvoyer ce livret à l'adresse de M. de Conty après avoir eu soin de le remplir.—Lis:

Erreurs signalées dans le Guide.

Maisons dont je n'ai eu qu'à me louer.

Maisons laissant à désirer.

Maisons dont j'ai eu à me plaindre.

Préciser les faits.

Lorsqu'une plainte légère m'est arrivée sur un hôtel, je donne un avertissement. Si cela se renouvelle, je biffe la maison de mes *Guides*. Si la plainte est grande, je la signale comme dangereuse!

Je compris la puissance que Conty devait avoir partout où il se présentait.

Avant de vous mettre en voyage, munissez-vous donc toujours du *Guide Conty*; c'est le meilleur moyen de ne pas vous faire voler.

LE PATACHON

Un autre supplice, c'est ce que j'appellerai la *demi-arrivée.*

Le chemin de fer vous dépose à une station, et, de là, vous avez encore quelques lieues à faire.

Quand c'est à un point important, il n'y a que demi-mal : la compagnie a une correspondance, c'est-à-dire qu'elle a passé un traité avec un entrepreneur, qui doit fournir une voiture à peu près propre et commode, des chevaux à peu près vivants !

Mais gare à vous si vous n'avez sous la main qu'une patache!

« La *Patache* est une sorte de cabriolet, non suspendu ou suspendu par un ressort tellement dur que rien ne saurait être comparé aux secousses que ressent le malheureux condamné à y prendre place; on ne sort d'une patache, lorsqu'on a été obligé de faire une certaine quantité de kilomètres dans cette sorte de véhicule, que complétement disloqué. La patache a une variété qui ne lui cède en rien, le *patachon*, etc., etc. »

Voilà ce qu'en dit le *Dictionnaire de la Conversation.*

Henri Heine prétendait que Dieu découpait les vieilles lunes, pour en faire des étoiles. Les messageries ont découpé les vieilles diligences pour en faire des pataches, ces étoiles de routes départementales. Elles se sont écriées au moment d'expirer :

« Ah! public ingrat, tu préfères à notre pimpant attelage, avec ses trois chevaux de volée, si fringants, une grosse marmite à eau chaude qui, au lieu de piaffer, tousse comme une vieille pulmonique; à la trompette joyeuse du conducteur, le sifflet sinistre du mécanicien; au dîner plein d'entrain de l'auberge des Trois-Rois, l'empoisonnement hors de prix du buffetier. Eh bien! attends, va. Comme ces grosses araignées qu'on nomme les Compagnies de chemins de fer ne peuvent pas faire passer un fil dans chaque localité, nous allons te confectionner une petite voiture supplémentaire, qui te prendra à la dernière station pour te conduire partout où nous régnons encore et dont tu nous diras des nouvelles!

« A nous tous les ressorts hors de service, qui se rouillent dans les caves de nos ateliers! A nous les vieux coussins, dont l'étoupe s'est coagulée pour former des callosités pierreuses et qui pourrissent dans nos greniers! — Et maintenant, à nous les plus mauvais charrons! Coupez ces caisses, ajoutez-y une capote en bois — une banquette pour trois derrière — une banquette pour trois devant — le fond de la caisse présentant un rebord en saillie, on pourra y installer encore trois *lapins* quand on aura dépassé la *Régie*. »

Et les messageries furent bien vengées.

J'avais affaire dernièrement dans une petite ville de Bourgogne, située à trente-cinq kilomètres d'une station. Il y avait six ans que je n'y étais venu. A peine sorti de la gare, je reconnus de suite la patache.

Elle était là, la gaillarde, couverte de la même boue jaunâtre, formant un crépi de quelques pouces d'épaisseur :

> Jamais aucun sceau d'eau n'avait passé sur elle
> Pour la flétrir ou l'outrager !

Les demoiselles Trompe-la-Mort, deux biques osseuses, aux articulations ankylosées et trottant des quatre pieds à la fois, y étaient encore attelées, au moyen de traits, issus d'un mariage illégitime de cuir et de ficelle. Six ans auparavant, lorsque j'avais demandé pourquoi l'on ne nettoyait pas la voiture, on ne changeait pas les harnais et l'on ne réformait pas les rosses, Joseph m'avait répondu :

— Peuh ! el' ch'min d'fer va bentôt nous couper l'cou !

Il était là aussi, lui — Joseph — avec son nez bourguignon, dont il avait, du reste, soigneusement entretenu la couleur, tenant, entre ses lèvres violacées, son brûle-gueule d'un beau brun de réglisse.

Dès qu'il m'aperçut, il daigna tourner vers moi son petit œil de fouine, et lançant, de côté, un jet noirâtre, à travers l'une des brèches de ses dents, sans lâcher sa pipe : un grand chic dans le pays :

— M'sieu prend la diligence? me demanda-t-il.

La *diligence,* le bourreau !

En songeant aux 35 kilomètres, je ne pus que faire un signe affirmatif.

— M'sieu a des bagages ?

Je lui tendis ma valise, qu'il fourra sous la bâche, toute rapetassée avec des bouts de corde.

— Si vous voulez monter maintenant et vous mettre dans le fond, parce que j'aurons du monde en route.

Je frissonnai de la tête aux pieds.

— Merci, Joseph, répondis-je, j'aime mieux me mettre à côté de vous.

— Allons-y alors.

Nous n'étions pas depuis cinq minutes en route que la banquette de derrière était pleine : quelques instants après, montait un cinquième voyageur. — Il restait donc une place réglementaire.

— Si ça ne vous fait rien, nous dit Joseph, je vous demanderai tout à l'heure de vous serrer un peu, je dois ramener ma femme et mon mioche jusqu'à Neuville, seulement à cinq lieues d'ici : elle est venue pour la foire; elle est chez Picard, à l'hôtel *Jean-sans-Peur*.

Avant d'arriver à l'hôtel *Jean-sans-Peur,* trois voyageurs s'étaient présentés. Le premier était monté prendre la seule place libre. Aux deux autres, Joseph avait dit :

— Allez devant, hors la ville, j'veux pas me mettre en *contrevention.*

En passant devant *chez Picard,* une jeune femme fraîche et pomponnée, tenant à la main un joli petit garçon, s'avança au devant de la patache :

— Pas moyen, Sophie, dit-il, j'ai déjà deux surcharges, tu serais bousculée ; en passant à Neuville, je t'enverrai Cadet, avec une carriole.

Puis il sourit, envoya un baiser à l'enfant et un coup de fouet aux chevaux, et nous repartîmes.

Un sourire sur la figure de Joseph, c'est un rayon de soleil sur un bourbier : ça se voit quelquefois. Mais un baiser de cette bouche, de laquelle je n'avais jamais vu sortir que de la fumée, du jus de tabac et des jurons, — voilà ce que je n'aurais jamais osé rêver.

Que dire ?

Une heure après, non-seulement la saillie inférieure de la caisse portait trois voyageurs, mais la capote en bois en supportait trois autres. Les ressorts poussaient des petits cris qui ressemblaient à des rires moqueurs. Quant à Joseph, il conduisait, assis sur un des brancards, et m'avait dit :

— Vous serrerez la mécanique, quand j'vous le dirai.

Et je serrais la mécanique. Il m'eût dit de prendre le fouet et les guides, je crois que j'eusse obéi.

Et puis, il m'étonnait à chaque pas, cet homme, par sa conversation variée.

« — Hue donc, carcan!... va, feignante! tu laisses tirer la grise. — Ah! j'vas t'en fiche, tchoc! tchoc! — Un beau trèfle, mâtin! — Tu peux pas te ranger, toi, charretier de malheur! t'as donc plus de droite? — Hue donc, malmené! Si ça ne fait pas mal, donner de la cavalerie à des propre-à-rien qui ne savent pas seulement ce que c'est qu'un *chevau!* — Ah! malheur! regardez-moi ces vignes; c'est gelé de l'autre jour. — Vignerons de quatre sous; il n'y avait qu'à labourer le lendemain et tailler un peu. — Hue donc! — A c't'heure, c'est perdu! — Dites donc, monsieur Blanchard, vous allez à Aisey, pas vrai? chez Vignot toujours? Il n'en reviendra pas, pas vrai? — Tchoc! tchoc! »

— On ne sait pas, Joseph.

« — Oh ! les médecins ! ça dit toujours ça. — Attention là, vacherie ! — Je vous dis qu'il a plus fumé qu'il ne fumera. V'là mon opinion. — Et votre cheval ? qu'est-ce qu'il en dit, le vétérinaire ? Il n'y avait qu'à lui laver le sabot avec de l'eau-de-vie et le laisser deux jours à la litière. — Hoô ! hoô ! — Attendez... tenez mes guides un peu... faut que je prenne un poulet là, pour madame Giros, de Mussy. »

Et pendant toute la route, causant de tout, prenant des paquets, en laissant, recevant, de vive voix, vingt commissions et n'en oubliant aucune, descendant dans chaque bouchon, sous prétexte d'affaires, et en ressortant chaque fois en s'essuyant les lèvres du revers de la main.

En passant par Neuville, une femme cria :

— Eh bien, Joseph, là où donc qu'est Sophie ?

Il descendit et raconta comment il avait été forcé de la laisser pour prendre du monde. — De la porte voisine sortit une deuxième commère.

— Eh bien, Joseph, là où donc qu'est Sophie?

Il recommença sa narration mot pour mot.

— Là où donc qu'est Sophie, Joseph? demanda une troisième.

Troisième récit.

Puis une quatrième, puis une cinquième, et autant d'éditions de l'histoire. Puis il fallut chercher Cadet, pour commander la carriole.

Tous les voyageurs étaient pressés, aucun ne murmura.

C'est que la première puissance, c'est le patachon; tout le monde a besoin de lui, — lui n'a besoin de personne.

Enfin j'arrivai rompu à ma destination. Joseph était descendu soixante fois de son siége et avait fait, conséquemment, soixante commissions, bu soixante verres de vin et encaissé soixante fois quatre sous de pourboires, total douze francs, plus trois francs cinquante de gages, par jour, cela faisait plus de quinze francs. Dans ce prix, je ne fais pas entrer les *lapins*, comme il appelle les voyageurs en fraude, — il est probable que son patron n'en touche même pas la peau : mettons-en deux seulement à deux francs. — Joseph, le patachon, doit gagner quelque chose comme vingt francs par jour.

Passez donc votre baccalauréat !

Je tirai ma montre : nous avions mis huit heures pour faire neuf lieues :

— Comment se fait-il, Joseph, lui dis-je, que vous ne mettiez que six heures pour aller à la station et que vous en mettiez neuf pour en revenir ?

— C'est rapport à la poste.

— Comment ! vous ne prenez donc pas les dépêches en revenant ?

— Allons, allons, m'sieu ! vous faites tort à votre connaissance. Quand on porte les lettres au chemin de fer et qu'il faut arriver à l'heure, ça s'appelle les dépêches ; mais, quand on va les chercher au chemin de fer pour les rapporter aux bourgeois, ça n'est jamais que la poste, quoi !

Tout le patachon est dans cette réponse.

MESSIEURS DU PLUMITIF

Nous avons regardé ensemble tous les individus qu'on voit dans un chemin de fer. Observons maintenant ceux qu'on ne voit pas, les gens de bureau que le service actif appelle les *gratte-papier* ou les *moucheurs d'encre*.

LE GARÇON DE BUREAU

Ho! ho! Qu'est-ce? De l'épigramme! — Rassurez-vous! nous ne procédons pas par voie hiérarchique. Nous avons fait voir au lecteur chaque agent, au fur et à mesure qu'on le rencontrait pendant le voyage. Le garçon de bureau est le premier auquel on ait affaire dans une visite à l'administration.

Race multiple, protée insaisissable, le garçon de bureau de chemin de fer ne ressemble pas aux autres, et cela tient à ce qu'il ne vient pas au monde garçon de bureau. Pris dans l'équipe, dans le factage parfois, rarement dans les trains, il met du temps à endosser le caractère typique avec l'habit. Mais, une fois que c'est fait, comme il est joli à regarder!

Si vous avez affaire à un haut personnage, voyez-le la tête levée, l'œil impertinent, la lèvre dédaigneuse, vous analyser du haut en bas. — Malheur à vous si vous manquez de tenue et surtout d'aplomb! Il piétinera sur vous.

Peut-être n'est-il ainsi que parce qu'il assiste perpétuellement au spectacle de la platitude humaine et de l'avachissement moral que lui donnent les solliciteurs et les courtisans et embrasse-t-il alors la société tout entière dans un superbe dédain.

Peut-être aussi, partant de ce principe émis par Napoléon Ier, *qu'il n'y a pas de grand homme pour son valet de chambre,* se dit-il : Si le maître n'est qu'un homme, que sont donc les autres !

Un d'eux (il est mort aujourd'hui), en parlant de son chef, supprimait le *Monsieur* et disait : *Il faudra que je fasse faire ceci, cela, j'en causerai avec X. !*

Il avait fait entrer dans sa compagnie plus d'une centaine d'employés et en avait fait sortir davantage encore.

Il se vantait d'avoir un bras assez long pour atteindre jusqu'au grade d'inspecteur inclusivement.

Véritable Frontin, le maraud était capable de toutes les insolences, de toutes les audaces; mais, si l'on avait le courage de bousculer ce colosse de suffisance, il s'aplatissait comme une baudruche piquée.

Une fois, j'ai eu personnellement affaire à lui. J'étais soldat et je venais en permission à

Paris : un officier de mes amis m'avait chargé d'une commission pour le personnage dont H... était le garçon de bureau. J'arrive; l'antichambre était pleine : des haillons, du gandinisme, des décorations; il y avait de tout sur les banquettes. Lui, au milieu de tout ce monde, seul à son aise et la tête couverte, sifflant un air d'opéra, essayait de faire baisser les yeux à quelque pauvre diable, qui n'avait peut-être pas mangé depuis la veille, et avait accroché au succès de son audience sa dernière espérance. J'arrive à mon tour.

— Monsieur *** ? lui demandai-je?

Il me regarde fixement et continue sa petite romance; puis, au bout de quelques secondes :

— Qu'est-ce que vous lui voulez, mon ami?

J'étais en train de me demander si j'allais l'envoyer par-dessus la balustrade, qui était là et qui donnait sur la voie; mais cette réponse me cassa les jambes; cependant, au bout d'un instant :

— Monsieur, lui dis-je, vous n'êtes d'abord pas mon ami; puis moi, un soldat, je vous parle mon képi à la main, et vous, un valet, vous me répondez la casquette sur la tête; il faut l'ôter!

Et je l'envoyai au bout de la pièce.

— Et maintenant, ajoutai-je, allez porter ma carte et dépêchez-vous. Un instant après, il revenait et, le corps incliné à 45°, le sourire à la lèvre :

— Monsieur, me disait-il, donnez-vous la peine d'entrer.

J'y avais gagné de passer avant tout le monde.

Je dois dire que le mot de *valet*, qui m'échappa dans la circonstance, s'adressait au caractère et non pas aux fonctions.

Les garçons de bureau ne sont pas des valets, ce sont des agents d'un ordre inférieur qui ont des attributions toutes spéciales; mais je suis de l'avis du philosophe : *Il n'est pas de position, si infime qu'elle soit, où l'homme ne puisse faire acte de dignité!*

Si le service de certains agents les oblige à ne pas payer toute leur dette au sommeil, c'est à croire que les garçons de bureau sont chargés d'opérer le remboursement du capital et des intérêts ! A partir de midi, fin du déjeuner, jusqu'à quatre heures, moment de la signature, c'est un ronflement général.

De là ce visage maussade de l'homme qu'on dérange d'une agréable somnolence, à moins que la visite de quelque camarade ne lui ait donné l'idée de faire une petite partie ; alors il y a cercle. Si un visiteur se présente, c'est à peine s'il peut obtenir une réponse.

N.... était parvenu à vivre en dormant, et la veille était pour lui un accident. Invariablement accoudé sur la table, l'œil fixé depuis six ans sur le numéro du *Siècle* du 7 mars 1858, sa paupière était arrivée à se fermer complètement à la troisième ligne de l'article : « On nous écrit de Venise... » Il n'est jamais parvenu à aller plus loin.

On le sonnait. Il ouvrait un œil mourant qu'il refermait tout de suite. — Nouvelle sonnerie. Il changeait de coude. — Carillon. Il se levait et, au bout d'un quart d'heure, paraissait enfin.

Un jour, son chef de service lui donne à

porter immédiatement une pièce après laquelle on attendait. — Vingt minutes après, il heurte quelque chose en sortant de son bureau. C'était N...., endormi, debout dans le couloir, la pièce à la main.

Le garçon de bureau a 1,200 francs d'appointements, des pourboires et des étrennes. Il est sobre, rangé, économe, bon mari et bon père. Il méprise profondément l'employé, jusqu'au principalat, et est généralement plus riche que lui. Ce dédain tient, à notre avis, à plusieurs causes. Les chefs, habitués à leurs services, les traitent souvent mieux que leurs employés, et les employés se comportent presque toujours avec eux comme avec des domestiques. — Tous ont tort.

Je ne vois pas pourquoi on se permet de supprimer, vis-à-vis de ces agents, les formules de politesse qu'on emploie avec les autres.

D'un autre côté, je ne comprends pas que certains chefs leur laissent une ombre de contrôle sur le personnel.

Exemple : Quelques instants avant la sortie,

l'antichambre est encombrée, les employés attendent la feuille de présence — le garçon est là qui les regarde impassible. — « Voyons, X., allez chercher la feuille ? — Messieurs, il n'est pas l'heure et cela m'est défendu. »

Soit. — On attend. — Au bout d'un instant, il tire sa montre. « Il est l'heure. » On croit qu'il va se diriger vers le cabinet du chef de service. — Pas du tout, il tire la feuille de son tiroir et la donne. On comprend la nuance : elle n'est pas tolérable. — Mais les plaintes ne font rien. — Certains gros bonnets estiment plus cet inerte pilier d'antichambre que les braves gens qui travaillent honorablement sous leurs ordres.

Il faut donc se faire respecter soi-même et, dans un cas comme celui que nous signalons à propos de la feuille, un homme, un vrai homme ne signerait pas ; il soulèverait une question de principe, en expliquant franchement la raison de son infraction, et, comme en définitive la question se trouverait posée d'une certaine façon, on obtiendrait une décision. Mais on craint de s'avancer, de se mettre en vue, d'être appelé frondeur, on courbe l'échine et on se fait marcher dessus. La peur est la mère des abus.

LES ADOLESCENTS

Vous n'avez pas été sans rencontrer souvent de tout jeunes garçons portant une élégante veste ou jaquette d'uniforme.

Ces enfants sont attachés au service des bureaux et portent le titre asssez prétentieux d'*adolescents*. Moitié garçons de bureau, moitié employés, leurs attributions sont assez mal définies. D'un côté partageant les corvées des premiers, ceux-ci abusent d'eux·parfois pour nourrir leur indolence, en leur laissant l'ennuyeux de la besogne et en rejetetant sur leur dos la responsabilité des négligences ; d'un autre côté, livrés pendant l'après-midi à un bureau, on les condamne perpétuellement au même travail.

A notre avis, ce système est mauvais, et pour le caractère, et pour l'intelligence. La demi-autorité que les garçons ont sur ces enfants développe de bonne heure chez eux les défauts de la domesticité et les déflore moralement; en outre, l'uniformité de travail endort leurs facultés d'un sommeil morbide. — Voyez-vous un de ces enfants accolé à un homme de chiffres, par exemple; il est abruti au bout de six mois. Si les mathématiques développent l'intelligence, le calcul la tue.

Pourquoi ne pas créer pour ces jeunes garçons une classe d'une heure le matin et d'une heure le soir? — Et, pendant le reste du temps, leur faire toucher successivement toutes les branches de l'administration en les changeant de service, après un petit examen professionnel? On finirait, au bout de quelques années, par avoir des employés modèles.

LE CHEF DE BUREAU

Il y a une quinzaine d'années, un employé actif et intelligent pouvait devenir chef de bureau. Aujourd'hui, c'est presque impossible : les titulaires sont jeunes, par cela même que les chemins de fer sont jeunes, et ils ne sont pas près de lâcher pied.

A part de très-rares exceptions, ces messieurs connaissent bien la spécialité dont ils sont chargés. Capables, ambitieux, travailleurs, bon ! Mais jaloux les uns des autres, comme des jolies femmes, se baisant par devant, se déchirant par derrière, — manquant d'esprit de corps et de camaraderie. Si l'un d'eux fait une boulette, bien rarement son collègue vient l'en faire apercevoir. — Non! — Il prend une feuille de papier et écrit officiellement : « Nous remarquons dans la pièce qui nous a été communiquée, en date du, etc., etc. » La lettre suit la filière et attire des remontrances à l'auteur de l'erreur. Celui qui l'a signalée espère être coté comme un homme d'ordre. — Mais, huit jours après, l'autre lui rend la monnaie de sa pièce ; en sorte que les choses restent dans le même état, mais qu'on s'est aigri de part et d'autre. — *Errare humanum est,* c'est ce qu'il y a de plus clair.

Il y a diverses variétés de chef de bureau.

Rara avis.

Assez digne pour se faire respecter et assez indulgent pour se faire aimer, il sait que le chef a besoin, à chaque instant, du dévouement de ses inférieurs ; qu'un petit qui vous est hostile est souvent plus dangereux qu'un grand, surtout dans des travaux d'exploitation et de mouvement. Son bureau marche bien, ses employés sont unis et, en les poussant, il se pousse lui-même. Il répartit bien son travail, suivant les facultés de chacun, ce qui conduit à la perfection. — Il étudie les caractères et connaît le faible et le fort de ses hommes. Il les protége en arrière, en cas d'incartade, et on passerait au feu pour lui.

Il ne fait pas de zèle extérieur, sachant bien que la ficelle est usée. Il fournit sa tâche, elle est bonne et il avance vite.

Le Cocodès

Méprise profondément la tourbe sur laquelle il règne et en abandonne volontiers la direction à son sous-chef. Il s'occupe du travail, mais ne veut, autant que possible, aucun contact avec le personnel. Il ne marche pas, ne mange pas, ne fonctionne pas comme tous ces gens-là !

Néanmoins, pour les cas graves, lorsqu'il s'agit de lâcher le *quos ego*, il ne dédaigne pas de tirer le rideau et de se laisser voir aux yeux éblouis du délinquant. Il débite sa tartine, improvisée dans le silence du cabinet, avec un calme qui ne manque pas d'une certaine dignité, et cette semonce est *le plus beau jour de sa vie,* si le coupable l'a écouté sans oser lever les yeux sur les siens.

Un garçon d'esprit sortait de la *boîte à suif,* c'est ainsi que s'appelle le cabinet du chef, dans ces solennelles circonstances.—On l'avait aperçu, essuyant la bordée sans répliquer et l'œil perdu dans le vague.

— Que vous a-t-il dit? lui demanda-t-on à sa sortie.

— Pas entendu un mot ! — Je regardais son gilet. — Un rêve ! J'ai retenu le dessin, je m'en ferai faire un pareil à la mort de mon oncle.

Sa conversation habituelle roule sur les femmes du grand monde, dont il fait le malheur, et sur ses hautes relations,—rien que des fonctionnaires, bien entendu. Chacun se rappelle cette caricature de Gavarni : Deux ouvriers sont en train de boire à un comptoir, l'un d'eux s'écrie :

« Un jour d'Albuféra me dit : Mon cher... » Lui vous dira avec le plus grand sang-froid : « Je me trouvais au bal de la princesse ***, quand Walewski me prenant, etc., etc. »

Le Fanatique

Au contraire, veut tout faire par lui-même,

il travaille comme six, crie, jure, sacre, fait mourir son sous-chef à petit feu, met sur les dents ses employés, est l'être le plus malheureux du monde, n'est pas secondé, ne peut compter que sur lui, ne se livre jamais, quant aux secrets de polichinelle du travail, met la clef du tabernacle dans sa poche, ne s'explique pas et s'étonne qu'on ne l'ait pas compris. Il parle chemin de fer, rêve chemin de fer. Dans la vie, il n'y a qu'une chose : les chemins de fer; dans les chemins de fer, un seul vrai chemin de fer : — le sien ; et, dans son chemin de fer, un seul homme : lui ! Il trouve à redire à tout. Vous lui donnez une lettre : « Vous avez bien voulu m'informer par votre lettre du... » Il vous la renvoie, corrigée ainsi : « Par votre lettre du... vous avez bien voulu m'informer. »

Une dame adresse une réclamation un peu sèche : il arrive furibond et s'écrie :

— Ah ! cette dame est malhonnête ! Monsieur X..., prenez une feuille de papier et écrivez-lui une lettre fort polie, mais dans laquelle vous lui direz :

« Mossieu, en réponse à votre lettre du.... j'ai l'honneur de vous informer que », et vous continuerez !

Son état perpétuel de surexcitation, il l'apporte dans son intérieur. Grogner, crier, c'est dans son tempérament. Le bureau ne ferme jamais pour lui. Lorsqu'au bout de six mois de cette vie, sa femme n'est pas morte, elle en prend son parti et lui éclate de rire au nez vingt fois par soirée. On est habitué dans la maison — gens et bêtes — à l'entendre maugréer pour tout. Il est à dîner !

« On a *procédé irrégulièrement* à la confection du potage. *Il y a lieu d'y annexer* du poivre et du sel. »

« Les hors-d'œuvre sont mal *classés* dans les raviers. »

« La sauce du civet n'a pas été *collationnée*. On voit bien qu'on ne s'est pas conformé *à cet effet aux prescriptions contenues à la page 227 de la Cuisinière de la campagne et de la ville.* »

Sa femme lui demande un bijou pour sa

fête. — S'il est de bonne humeur, il répond : *M'en parler.*

L'orateur

Est plein de bienveillance pour ses subordonnés ! — Possède à fond cette rhétorique amphigourique qu'on nomme style administratif. Parfois il est d'une audace néologique à faire frissonner. Depuis le traité de Paris, il appelle *protocole* une proposition à une autre compagnie. Nous connaissons même une convention passée entre deux compagnies et qui porte ce titre, grotesque à force de prétention :

Traité de pacification.

Il ne dira pas qu'il faut ajouter deux prix l'un à l'autre. Ajouter ! allons donc : il faut *coudre, souder* ces prix !

Un jour, il demande à l'un de ses employés : Vous êtes certain du total? vous avez *cousu* les prix ?

— Non, répond l'autre avec sang-froid, ils ne sont que *faufilés*; il y a à vérifier.

C'est lui qui a inoculé dans toute l'économie bureaucratique cette splendide faute de français :

— J'ai l'honneur de vous informer QUE...

Quelquefois il aborde même la latinité et il a inventé également ce monstrueux barbarisme : la gare *terminus*, pour la gare extrême.

Il sème, comme le fanatique, sa conversation dans le monde de poncifs administratifs. Seulement, chez le premier, c'est naturel, tandis que lui y met une certaine prétention. Son fils, après un quadrille, garde dans sa main celle de sa danseuse. Le soir, il lui fait des reproches.

— « Je ne suis pas content de toi, *en ce qui concerne* ta tenue vis-à-vis de mademoiselle X. Tu ne devais pas conserver sa main *par devers toi*; il *t'incombait* tout simplement de la reconduire à sa place. »

Le Poseur

Vit pour la galerie. Vient-il une visite, il murmure tout bas une lettre qu'il tient à la main. « Monsieur, continuez, je vous écoute. (Tirant sa montre.) — Déjà telle heure et rien de fait ou presque. — Monsieur A. (Un employé se présente.) Attendez un peu. — Monsieur D. (2e employé), je voulais vous dire... Ah! sapristi, j'oubliais... Monsieur C. (3e employé). Ces trois individus se regardent le blanc des yeux, mais connaissent la romance) : — Ah! pardon, monsieur, veuillez me dire. — Messieurs, quand j'aurai terminé, je vous rappellerai. (Il passe la main sur son front, retire sa montre, fait un geste de désespoir.) Le monsieur rougit et dit : — Vous êtes bien occupé, monsieur. — Oh! il y a de quoi perdre la tête. Du reste, c'est tous les jours comme cela. Il me faudrait deux fois plus de personnel, mais enfin !

Et l'on finit par parler du dernier derby.

Somme toute, les chefs de bureau ne sont

pas plus effrayants qu'il ne faut et l'on obtient d'eux bien des petites faveurs : il ne s'agit que de savoir les prendre.

Il y a plus ; dans le cercle de leur pouvoir, ils sont pleins de sollicitude pour leurs employés, il n'y a presque pas d'exemple qu'un pauvre diable, chargé de famille et endetté, ait fait en vain appel à leur intervention.

5 à 6,000 fr. d'appointements.

LE SOUS-CHEF

Pauvre diable accusé par le chef d'être trop mou vis-à-vis du personnel, par les employés d'être trop dur pour eux. C'est l'adjudant dans un régiment. Responsable du travail et de la discipline, ayant toujours la primeur des reproches, qui n'arrivent au coupable qu'après avoir ricoché sur lui.

Cependant, parfois, c'est là que le zèle se déploie avec tout son fanatisme, et alors le sous-chef devient ce qu'on nomme au collége un *pion*. — Sans cesse harcelant ses hommes, pour des petites choses de discipline, à peine dignes d'attirer l'attention d'une sous-maîtresse. On m'en a cité un qui note chaque sortie et chaque rentrée, dans le courant de la journée ; à la fin de la semaine, il fait le total de chacun et dresse un rapport. — C'est le seul moyen qu'il ait d'effacer sa nullité absolue.

Du reste, chaque fois qu'un gradé quelconque attache beaucoup de prix aux questions de petite discipline, soyez persuadé que, ou il n'a pas autre chose à faire, ou il n'est pas capable de faire autre chose.

Hélas ! cette petite guerre à coups d'épingles finit souvent par aigrir les deux parties, et la vie devient un enfer pour tout le monde. Avec un peu d'intelligence et de tact pourtant... Oui, mais le tact n'est pas à la portée de tout le monde.

L'enfer du sous-chef, c'est le congé du chef. A moins qu'il ne vive habituellement avec lui en très-bonne intelligence, il est, pendant tout le temps de son absence, assis sur des épingles. On lui parle, *ex abrupto*, d'affaires dont il ne connaît pas le premier mot. Il faut qu'il devine, qu'il ait l'instinct de la chose et qu'il ne perde pas la tête surtout.

Alors il questionne Pierre, Paul, fouille, cherche, bouleverse et finit par ne rien trouver. Aussi le chef est-il enchanté de pouvoir dire :

— Je ne peux jamais m'absenter !

Si, parbleu, absentez-vous ! Nommez *un régent*, que vous mettrez au courant des affaires pendantes et qui sauvera l'honneur du pavillon !

Mais que deviendrait le système de l'indispensable, système auquel personne ne croit, du reste, pas même celui qui l'emploie.

L'auteur du 101e prétend que le lieutenant-colonel est toujours plus vieux que le colonel. Il en est de même ici. Le sous-chef de bureau est toujours plus vieux que son chef. Ses appointements sont de 3 à 4,000 fr. par an.

Quand un sous-chef est nommé sur la proposition de son chef de bureau, soyez sûr que c'est presque toujours sur une médiocrité dévouée que le choix tombe. L'éclipse est la chose la plus redoutée dans la bureaucratie.

MESSIEURS LES EMPLOYÉS

On a fait et refait le type de l'employé; mais l'employé de chemin de fer échappe à l'incarnation dans une seule individualité. En effet, nous l'avons dit, il se recrute parmi les déclassés et il apporte, dans sa nouvelle carrière, les allures qu'il a ramassées dans les professions abandonnées; puis chaque service présente, en outre, une variété à observer. L'employé du mouvement ne ressemble pas à celui de la voie, qui, lui-même, diffère complétement de celui du trafic. Et dans le trafic, celui des réclamations est tout à fait autre que l'employé du contrôle.

O Balzac! où est ta plume d'or?

La voie et les travaux étant sous la direction d'un ancien élève de l'École polytechnique, tous ces messieurs se croient des X, et, à part quelques exceptions, pas un peut-être ne serait capable de faire un calcul de remblai... Du reste, à quoi bon?

Au contrôle, leur travail de vérification les amène doucement à endormir toutes les autres facultés au profit de celle qui est en exercice et qui ne leur permet aucune distraction. Les employés des ministères, des préfectures, de toutes les administrations publiques, appartiennent tous à la même classe de la société; l'examen qu'ils passent ou le diplôme qu'ils fournissent indique qu'ils ont été élevés de la même façon, mais toutes les castes sociales sont représentées dans un chemin de fer.

Noblesse vraie, noblesse fausse, armée, finance, industrie, négoce, agriculture, prolétariat, tout y est!

Un prince de Croï est chef de la station des Barres; nous en avons connu également un qui était receveur aux correspondances du chemin de fer de l'Est.

Puis, comme en définitive un beau nom sert toujours à quelque chose, il y en a qui s'en font.

Procédés Ruolz et Elkington

1er *Procédé*. Vous vous nommez *Demarsan*. Vous prononcez tout doucettement une petite séparation de corps entre les deux premières syllabes, et, un beau jour, vous vous trouvez *de Marsan*; puis, pour peu que vous vous appeliez Calixte (et qui est-ce qui ne s'appelle pas un peu Calixte?), vous signez *Cte de Marsan* : vous voilà *comte* pour la majorité, et la commission du sceau des titres n'a rien à y voir.

2e *Procédé*. Vous êtes Patouillet, bien et dûment Patouillet. — Votre père avait, pour patron, *Caton*, *Marius*, *Titus* ou quelque autre saint du calendrier de 93, dont l'arrière-goût de Carmagnole doit éloigner toute idée des Croisades. Bah ! on n'est pas embarrassé pour si peu : il y a toujours, de par l'Europe, quelque prince errant et proscrit qui attrape un rhume de cerveau; vous lisez cela, dans une gazette, et vous envoyez une adresse de dévouement que vous signez : *Baron de Patouillet*.

Les princes proscrits, depuis que le monde est monde, répondent toujours *manu propria* aux adresses de dévouement. La position infime dans laquelle vous êtes vous impose de garder un certain incognito, mais vous parlez de la foi de vos ancêtres et vous laissez voir la réponse : *A notre féal et amé baron de Patouillet.* —Étonnement et intérêt.

« Cependant monsieur votre père s'appelait *Caton?* » — « Mon grand-père était resté en France, et pour mieux se cacher avait fait inscrire ainsi son héritier. »

Vous voilà classé parmi les preux et, qui mieux est, avec une réputation de modestie : vous avancez.

3e *Procédé*. État civil : *Edmond Tartempion*. 1re signature : *Ed. Tartempion*. — 2e signature : *E. d. Tartempion*. — 3e signature : *E. de Tartempion*. — Il est entendu que l'*e* se fond dans le délié qui conduit à la tête du *T*.

LE TRAVAIL

J'aurais voulu donner au lecteur une scène administrative, mais allez donc aborder un pareil sujet après la page magistrale des *Employés*. Et puis le temps, dans un chemin de fer, est plus rempli que dans les services publics.

Le *dolce farniente* y est rare, car les affaires commerciales ne souffrent pas de retard et les chefs de bureau n'occupent pas des sinécures.

La matinée est peut-être lourde et l'attente du déjeuner n'y contribue pas peu.

Puis ce repas pris en place, cette digestion, qui doit se faire dans l'immobilité du corps, épaississent le sang et écrasent le cerveau.

Les chemins de fer ne savent pas ce qu'ils perdent à faire déjeuner leur personnel au bureau. Mieux vaudrait voir l'homme arriver lesté à l'avance ; il attaquerait la besogne im-

11.

médiatement et n'attendrait pas le moment fortuné de la halte.

L'après-midi, on travaille avec ardeur, jusqu'au moment de la signature : puis on souffle, en préparant doucement les travaux du lendemain, et la dernière demi-heure est tout à fait perdue.

Somme toute, sur huit heures de présence, il y a six heures de travail effectif.

CARACTÈRE GÉNÉRAL

L'employé de bureau manque de ressort et d'énergie. Il est craintif et tremble toujours pour sa position, tout en la maudissant. Un attacheur de grelots s'avance-t-il un peu, les autres le regardent avec défiance et se retirent de lui.

Un casse-cou marche-t-il hardiment en

avant, dans l'intérêt de tous, et tâche-t-il de s'y prendre de telle façon que la sauce fasse passer le poisson, jusqu'à l'instant du résultat, il n'a pas de critiques plus féroces que ceux pour lesquels il combat; s'il échoue, ils le siffleront et n'auront pour lui aucun de ces mots qui consolent. « Un seul Dieu tu adoreras et aimeras parfaitement. » Le dieu succès, le plus piètre et le plus véreux des dieux.

Ces malheureux poussent cette adoration de la réussite à un point extraordinaire. Je ne parle pas de leurs opinions politiques; elles sont conservatrices quand même, cela s'explique : tout est hiérarchie autour d'eux, et leur respect pour l'homme est en raison directe de l'argent qu'il gagne. Mais c'est à se demander où l'on est, lorsqu'on est condamné à une discussion avec eux.

Vous blâmez un fait qui vous semble immoral, une conduite qui n'est pas droite, une trahison quelconque. Savez-vous leur grande réponse :

— Laissez-nous donc tranquilles. Vous voyez bien qu'il a eu raison, *puisqu'il est arrivé*, et vous, avec votre don Quichottisme, vous végétez !

C'est à leur répliquer :

— Mais, avec une conscience aussi élastique, il faut que vous soyez des crétins, pour être restés aussi petits.

Le mieux est de hausser les épaules et d'éviter les parlottes. Ce n'est pas de la corruption : c'est de l'ignorance et du désespoir!

Et, du reste, en cela ne sont-ils pas de leur temps, de ce temps incroyable où, au milieu des plus splendides découvertes de l'esprit humain, les foules abêties partagent leurs adorations entre un cheval décharné et des goualeuses de carrefours?

Mais sont-ils bien responsables de ce caractère? Non. Pourquoi à la fois cette peur de perdre leur position et cette sorte d'indifférence et d'apathie dans l'exercice d'une profession, d'autant plus pleine d'intérêt qu'elle est née d'hier et qu'elle a, par conséquent, d'immenses progrès à faire.

C'est que, d'une part, il y a à la porte des

milliers de postulants qui attendent une vacance pour s'y précipiter, et que, de l'autre, l'organisation actuelle n'offre aucun tremplin pour les jeunes ambitions.

CARACTÈRES PARTICULIERS

Balai neuf. Un jeune homme sort du collége et entre dans les bureaux. Il a de l'instruction, de la bonne volonté, il aspire la vie et l'espérance par tous les pores, emploie bien son temps et rêve... dame! ce que tout homme, qui a quelque chose sous la boîte osseuse, peut rêver : une carrière, sinon brillante, du moins qui lui permette, lorsqu'il sera père, de donner à ses enfants ce qu'il a reçu de ses parents — le pain et l'instruction.

Comme il n'est pas encore devenu un homme pratique, c'est-à-dire un être sec et adroit, il déborde de confidences et construit tout haut ses petits châteaux en Espagne, beaux petits châteaux dont le temps, cet impitoyable préfet, l'aura bientôt exproprié, pour cause d'utilité... particulière. Il entend à sa droite un petit rire sec, c'est

Le vieil employé. Être pointu et grincheux, que le spectacle de sa vie ratée rend aussi désagréable que possible à ses voisins; qui déchire tout le monde; qui ferme tous ses tiroirs à clef; qui éreinte la Compagnie; qui ne peut supporter une fenêtre ouverte; qui aspire à la retraite et qui meurt trois mois après l'avoir obtenue. A sa gauche un rire bête, c'est

Le satisfait. Généralement un ancien ouvrier ou un garçon de bureau devenu employé. Tout est bien. Ses chefs sont beaux, distingués. La position est superbe et l'ambition conduit à Charenton. Aussitôt sorti de l'école des Frères, Toto, son fils, entrera à la Compagnie. Il a des cartes de visites portant : *Z., employé de quatrième classe au chemin de fer de ...*

Que faire ? d'un côté, le pessimisme quand même, de l'autre le *plaudite, cives*, stupide :

il reste là planté, comme l'âne de Buridan entre les deux picotins.

— Bah ! s'écrie-t-il, ça ne me regarde pas ; toi, tu t'appelles l'impuissance désespérée et, toi, la médiocrité heureuse ; je ne vous connais ni l'une ni l'autre. L'Université m'a bien armé pour la lutte, et, en me souhaitant bon voyage, m'a dit que l'intelligence et l'instruction menaient à tout.

Compte là-dessus, mon garçon ! Tu n'as besoin que d'une belle écriture, de l'orthographe, des quatre règles et d'un peu de style... bien peu, méfie-toi !

En effet, le travail est tracé à l'avance et il n'y a qu'à suivre toujours la même ligne.

Reste un moyen : se faire distinguer, copier son camarade, un autre jeune homme.

Le malin, — celui qui soigne sa tenue, croit qu'il faut être triste pour paraître sérieux, veut avoir l'air de bien se rendre compte de tout ce qu'il fait et va demander à ses chefs des explications sur la chose la plus simple du monde. Au commencement cela mousse assez bien, mais, au bout de huit jours, l'autorité dit : *Jeune homme intelligent, mais qui ne saisit pas facilement.*

Décidément cela ne vaut rien. Alors il regarde la tête de colonne. Ses employés principaux sont jeunes, son sous-chef est jeune, son chef de bureau, son chef de service sont jeunes... et ces messieurs ne voyagent pas ! Pas l'espoir du plus petit accident. S'il ne s'en va pas, pour entrer dans le commerce, la banque, ou toute autre carrière, dans laquelle, avec de l'activité, de l'intelligence et de l'initiative, on peut s'élever rapidement, il jette un beau jour ses illusions au panier et devient

Le philosophe. A partir de ce moment il ne prend rien au sérieux. Il faut passer sa vie quelque part, — ici ou ailleurs. Bah ! tout ça n'empêche pas la rivière de couler. Travailler trop, — zèle perdu. Si c'est bien, votre chef empoche ; si c'est mauvais, on sait que c'est vous qui avez fait la boulette. Ne pas travailler du tout, — la pendule ne marche pas et vous ne voyez jamais arriver l'heure du départ ! Il est ordinairement sur un pied passable avec son supérieur, qui sait qu'au besoin il est homme de coup de collier et que généralement son travail n'est pas mauvais, attendu que, pour rien au monde, il ne voudrait passer pour un imbécile.

Permettez-moi de vous présenter une autre variété :

L'homme appuyé. Ses dimanches sont consacrés aux visites qui peuvent lui être utiles. Députés, sénateurs, maréchaux, cardinaux, ministres même quelquefois, il fait feu de toutes pièces : le directeur est mitraillé. Parfois, de guerre lasse, on lui jette un os à ronger pour avoir la paix ; mais, les trois quarts du temps, il est pris en grippe et abandonné : *Fallait pas....*

DE L'AVANCEMENT

Les employés de chemin de fer, nous l'avons dit, travaillent plus que ceux de l'État.

Leurs appointements sont de 1,200, 1,500, 1,800, 2,000, 2,200, 2,400, 2,700, avec des coupures de 1,350 et 1,650.

Il est évident que, depuis le renchérissement des loyers et des denrées de toutes sortes, avec moins de 2,000 fr., il est impossible de manger à Paris, et la meilleure des preuves est le nombre considérable des oppositions qui frappent les appointements, sans qu'on puisse en mal augurer de la moralité des employés.

L'avancement est lent et surtout n'est pas réglé. L'instruction, on l'a vu, ne sert pas à grand'chose quand on y est.

Voici à quoi elle sert quand on y entre. Un ancien secrétaire d'Augustin Thierry, que nous connaissons intimement, avait fait une demande et est reçu.

On le prie de se présenter chez un chef de service désigné. Là, il se rencontre avec un autre jeune homme.

— Messieurs, leur dit-on, il y a deux

places vacantes; mais, pour l'une d'elles, il faut connaître l'allemand et l'anglais.

Mon ami seul se trouve dans ces conditions.

— Monsieur, dit-on à l'autre, vous êtes nommé receveur à 1,500 fr. Vous, monsieur, interprète à 1,200 fr.

Soyez donc le modeste successeur d'Armand Carrel, de Henri Martin, de M. Bourquelot, dans ces fonctions si difficiles auprès du prince de l'histoire, pour en arriver là !

Puis rien ne guide dans l'avancement. Pourquoi, par exemple, ne pas se servir du concours pour la solution de certains grands problèmes administratifs? En laissant ces questions à la disposition d'un seul esprit, si complet qu'il soit, on enraye le progrès et l'on couronne la routine. Avec notre moyen, de l'ombre se dégageraient parfois des capacités, jusqu'alors ignorées, et qui, sans cette occasion, ne se seraient jamais révélées.

Passons à l'ancienneté.

Vous trouvez, en foule, des individus qui,

depuis dix ans, n'ont pas été augmentés et ne le seront jamais ! De là des désespoirs et des découragements.

Il arrivera, nous en sommes sûr, une époque où, comme au service de l'État, il y aura une augmentation, minime peut-être, mais régulière tous les trois ou quatre ans. Il est bon de récompenser le mérite... et la protection, mais l'ancienneté a aussi son côté respectable, et les vieux serviteurs devraient avoir droit à quelque considération.

A notre avis, beaucoup de chefs de bureau ont un grand tort. C'est de demander perpétuellement des augmentations de personnel, afin de donner beaucoup d'importance à la partie dont ils sont chargés. Il y a des bureaux où la besogne se ferait avec moitié moins de monde ; on travaillerait davantage, mais on serait payé en conséquence.

Puis la durée de la présence est trop longue. Il est impossible de travailler consciencieusement et assidûment pendant huit heures.

Si nous avions l'honneur d'être directeur d'une compagnie, on viendrait de dix heures à quatre heures, — mais on n'abandonnerait pas le travail un seul instant. Tout le monde y gagnerait.

Cela arrivera, mais plus tard, et il faudra des formalités, car la formalité, qui est née dans un bureau évidemment, tuera notre pays. Tenez, voici une petite histoire de formalités.

LA LÉGENDE DE LA CASQUETTE

Un cantonnier trouve sur la voie une casquette. Il la remet à son piqueur. Celui-ci adresse un rapport à son chef de section et le lui expédie avec l'objet.

Le chef de section fait un rapport à l'ingénieur de la division, qui, à son tour, transmet le tout, avec un autre rapport, à l'ingénieur en chef.

L'ingénieur en chef communique ces pièces

et la casquette au chef de l'exploitation. Enquête est faite par un inspecteur de la division sur le territoire de laquelle la casquette a été trouvée, pour savoir si, au moment de son arrivée sur la voie, elle n'était pas habitée par une tête et si le quidam possesseur de cette tête n'a pas été avarié par un train. Non, la casquette était seule. Transmission du rapport de l'inspecteur à ce sujet et renvoi de la casquette.

La casquette est adressée au bureau des réclamations, section des objets trouvés, où les sept pièces administratives, qui l'accompagnent, sont mises dans une chemise et prennent le titre de *Dossier n° 297,653*.

Au bout d'un mois, le garçon, en faisant le bureau, voit quelque chose d'informe plein de boue et rongé de mites ; il le jette avec les ordures. Le chiffonnier fait son triage et s'adjuge la coiffure.

Il ne se doute pas que cette loque, qui ne vaut pas deux sous, c'est le Dossier n° 297,653, qui coûte peut-être une quinzaine de francs à la compagnie.

AVANTAGES ACCORDÉS AUX EMPLOYÉS

On ne pourra pas nous accuser d'optimisme, mais il faut être juste et proclamer que, si les appointements des agents inférieurs sont bien minimes, ils ont quelques compensations. Ils peuvent demeurer sur la ligne et, par ce moyen, éviter la cherté des loyers et des vivres des Parisiens. On leur accorde toujours, en ce cas, un permis de circulation. Mais, là encore, la grosse patte de la formalité vient écraser la délicatesse du bienfait. Le permis n'est valable que pour les trains qui correspondent aux heures d'entrée et de sortie des bureaux. En sorte qu'un individu qui a à Paris une occupation le soir ou qui dîne en ville doit payer sa place, et il est, pour ainsi dire, interné dans sa localité, de laquelle on le sort pour l'amener au travail, et à laquelle on le ramène, aussitôt que ce travail a cessé.

Un directeur, dans un élan de sollicitude, décide que, deux fois par semaine, les femmes des agents logés sur la ligne auront droit à un permis pour faire leurs provisions.

Crac ! *dame formalité* met ses lunettes et se met à noircir du papier :

« Tout employé habitant sur la ligne et qui voudra que sa femme profite de l'avantage accordé par M. le directeur devra, hiérarchiquement et au préalable, en faire la demande à son chef de service, etc., etc. »

L'ennui de la formalité fait renoncer presque tout le monde à l'avantage.

Quelques compagnies ont établi des billets à prix très-réduits pour les familles de leurs agents ; il serait à désirer que toutes suivissent cet exemple.

Mais, loin de là, une espèce de réaction semble s'opérer de ce côté. Il y a quelque temps, chaque compagnie accordait assez facilement le passage, gratuit, sur son réseau aux employés d'une autre ligne française : c'était assez naturel ; on faisait partie de la même grande famille ; le sacrifice était insignifiant pour ceux qui le faisaient et la faveur très-appréciable pour ceux qui en étaient l'objet. Depuis peu, les diverses lignes ont décidé qu'elles n'accorderaient plus aux employés d'un autre chemin qu'une demi-place.

Il reste entendu d'ailleurs que la mesure ne frappera que les petits, c'est-à-dire ceux qui ont beaucoup de peine à payer, les autres ayant généralement des permis de circulation sur tous les parcours. En sorte qu'un pauvre diable de facteur, par exemple (je choisis celui-là, parce que généralement il est de la Savoie), ne pourra se permettre d'aller passer quelques jours auprès des siens que lorsqu'il aura fait de très-grandes économies... Ça ne sera pas tous les ans!

Les compagnies auraient, croyons-nous, pu faire un effort et traiter au moins les employés les unes des autres comme elles traitent les soldats et les marins, c'est-à-dire en leur accordant quart de place.

Oui, mais que deviendrait l'éternelle romance des abus?

O abus de l'abus! Frappez les coupables, que diable!

La compagnie d'Orléans accordait naguère de grands avantages à son personnel.

Elle attribuait à ses employés un dividende et les intéressait ainsi au succès de l'entreprise.

Pour une cause ignorée, elle est revenue sur cette mesure, et elle a répondu d'une manière assez peu délicate à une réclamation honorablement formulée à ce sujet, en révoquant brutalement, quelque temps après, les signataires de la demande.

Elle possède des magasins de denrées alimentaires, où les familles se fournissent à un bon marché fabuleux; des magasins d'habillements, qui, au moyen d'achats en gros, peuvent livrer des vêtements au prix de revient.

Son réfectoire d'Ivry, ouvert depuis le mois de janvier 1857 et placé sous la direction des sœurs de Saint-Vincent de Paul, est une institution remarquable.

Il est ouvert de huit heures du matin à sept heures du soir et donne la latitude de consommer sur place ou d'emporter, ce qui permet aux familles des ouvriers et des agents de s'y alimenter.

Le tarif est assez intéressant pour le publier en entier :

Une portion de soupe grasse de 45 grammes de pain et 500 grammes de bouillon..........	0 fr.	10 c.
Une portion de bouillon, 600 grammes.	0	10
Une portion de soupe maigre, 500 gram.	0	10
Une portion de viande, 90 grammes....	0	10
Une portion de légumes accommodés...	0	05
Tout le reste, la portion................	0	10
Portion de vin, 1/4 de lit., variant de 0,10 à	0	15

Tout est excellent. La viande se compose de bœuf, veau, mouton, porc rôti ou en ragoût, de légumes verts ou secs, de riz, œufs, saucisson, etc.

Le chemin du Nord possède quelque chose dans ce genre, mais bien moins complet; c'est ce qu'on appelle le *Magasin de l'Économat*.

On y vend, au prix de revient, l'épicerie indispensable à un ménage.

Remarquez que rien ne se fait au comptant.

Chacun possède un livret, sur lequel on

porte les achats jusqu'à concurrence d'une certaine somme.

Mais rien n'atteindrait le succès de la *Société Alimentaire de l'Est*, si les employés comprenaient la solidarité. C'est une société coopérative, se dirigeant elle-même et dont chaque participant est actionnaire. Les ouvriers, avec leur admirable instinct de l'association, ont compris les avantages de cette institution, mais la gent plumitive a regardé cela assez dédaigneusement et ne s'en est pas occupée. Elle n'a pas compris.

Quelques compagnies ont une caisse de retraite, mais aucune n'approche non plus de celle que la compagnie de l'Est a fondée pour ses employés.

Elle est si admirablement organisée, que, depuis 1861 qu'elle existe, elle possède déjà un encaisse de plus de 5 millions. Elle permet la retraite à cinquante ans d'âge et à vingt, vingt-cinq ou trente ans de service. La rente est, au choix du retraité, personnelle ou reversible sur la tête de sa femme. Dans une vingtaine d'années, elle donnera peut-être comme retraite plus de la moitié des appointements.

Certains chemins de fer ont aussi un service médical.

Les soins à domicile y sont très-consciencieusement donnés; mais la consultation publique est faite souvent à la diable, et cela se comprend un peu. Les médecins en chef ont à se défier des farceurs qui viennent mendier quelques jours de paresse et doivent se rappeler que, sur dix bureaucrates, cinq au moins ont une maladie imaginaire, passée à l'état chronique.

Aussi pour ceux-là, l'eau de Sedlitz et les bains sont assez généreusement distribués : si ça ne fait pas de bien, ça ne peut pas faire de mal.

Aussi, dans les cas sérieux, on n'a qu'à se coucher et attendre, c'est le plus sage.

A propos d'eau de Sedlitz, on nous signale un fait assez singulier :

Un employé de chemin de fer se présente chez un pharmacien et demande une bouteille de ce précieux... cordial. L'industriel lui remet l'objet d'un air gracieux et en attend le prix; le chaland tire de sa poche un bon et le lui offre.

— Eh! monsieur! s'écrie le pharmacien, il fallait donc dire que vous étiez employé de chemin de fer!

Et il remporte la bouteille et en rapporte une autre.

Quel est donc ce mystère?

La destinée, fatale jusqu'au bout à certaines races, aurait-elle infligé aux employés de chemins de fer des intestins spéciaux?

DES BLESSÉS ET DES TUÉS

Si quelques compagnies se montrent justes, lorsqu'un de leurs agents tombe victime du service, il en est d'autres dont la conduite est parfois inqualifiable! Sont-elles réellement responsables de ces actes? nous l'ignorons. Peut-être ne sont-ils que le résultat du zèle déloyal de quelques mandataires. Dans tous les cas, elles en profitent.

Aussitôt qu'un homme est tué, ou blessé de manière à ne pouvoir reprendre son service, la famille devient souvent l'objet de sollicitations pressantes de la part de gens qui, sans s'annoncer avec un caractère officiel, sondent le terrain en proposant une transaction. Les offres sont généralement dérisoires et par conséquent rejetées. On plaidera. Soit. Mais le temps passe et la gêne s'installe au foyer. — Le tentateur reparaît. — Il est repoussé de nouveau. — Mais il faut de l'argent pour plaider, et l'assistance judiciaire ne s'accorde pas du jour au lendemain. — Ce n'est plus la gêne, c'est la misère qui arrive... Il ne s'agit plus de l'avenir, c'est du pain qu'il faut tout de suite. — Le corbeau reparaît à l'horizon et finit par arracher, pour une aumône, le désistement à une veuve éperdue.

Chicaner le prix du sang est une chose atroce! Prenez une règle fixe comme l'État pour l'armée. Si l'homme ne peut plus rien faire, liquidez-lui loyalement sa retraite. S'il est mort pour vous, fixez, suivant le grade, la pension à laquelle sa veuve a droit.

Qu'il soit prévenu, à l'avance, lorsqu'il accepte ses fonctions; alors, si la catastrophe arrive, il n'y aura surprise pour personne.

Nous le répétons, nous ne croyons pas que les compagnies descendent jusqu'à ces manœuvres; mais quelques-unes laissent faire et nous ne trouvons pas d'épithètes assez fortes pour flétrir leurs hideux courtiers.

SOCIÉTÉ DES AGENTS DE CHEMINS DE FER

PROJET DE CORPORATION

Nous ne sommes pas partisans de la lutte des intérêts, attendu qu'ils s'entre-dévorent et que personne n'y gagne. La compagnie des Petites-Voitures se ressentira longtemps de la guerre et les cochers également.

MM. les cochers ont été des maladroits.

Au lieu de s'amuser à faire grève, si, depuis dix ans, ils avaient mis chacun le prix de deux bouteilles de vin de côté, par mois, soit 3 fr., voyez un peu ce qui serait arrivé.

Trois mille cochers à 3 fr. par jour, par mois, donnent 9,000 fr., ou par an 108,000 fr., ou pour dix ans 1,080,000 fr.; ils eussent pris des actions de leur Compagnie, les intérêts eussent servi pour les malades et les nécessiteux; ils fussent devenus les actionnaires les plus puissants de l'entreprise et eussent eu tout intérêt à faire fructifier, chacun en particulier et tous ensemble, une affaire qui eût été un peu la leur.

Et, dans le chiffre de trois mille, je n'ai compris ni les palefreniers, ni les laveurs, ni les employés.

Mais ce que les cochers n'ont pas fait, pourquoi les employés de chemins de fer ne le feraient-ils pas?

Nous voyons la réponse : *Nous n'avons pas, à proprement parler, une profession, et tout homme sachant lire et écrire peut faire ce que nous faisons.*

Eh! mon Dieu! Tout homme qui a des bras peut être portefaix! Et pourtant les portefaix de Marseille sont une corporation. Ils sont aimés et restent toute leur vie dans les maisons qui les emploient; ils y ont même des intérêts.

A chaque instant vous entendez ce mot : « Ah! si j'étais administrateur! » Eh! qui vous empêche de le devenir?

Vous êtes environ soixante mille en France; demandez l'autorisation de vous constituer en société, établissez une base de versement calculée au prorata des appointements. Mettons 2 fr. par mois. Cela fait 120,000 fr. par mois. Avec cette somme, achètez 200 actions à 600 fr. en moyenne. Il faut quarante actions, je crois, pour assister à l'Assemblée générale et y avoir une voix. Cela vous fait cinq voix. Au bout de l'année, vous avez soixante voix. En vingt ou trente ans, vous devenez les actionnaires les plus riches des compagnies. Le comité que vous nommerez pourra parfaitement prendre vos intérêts. De plus, vous serez meilleurs agents que vous ne l'êtes, parce que vous ferez partie intime de la Société. Et le produit de vos fonds pourra servir de Caisse de secours, pour ceux d'entre vous qui seront malheureux ou malades.

Déclarez qu'au bout de trois mois la liste d'adhésion sera close et que, seuls, les nouveaux employés pourront en faire partie, au bout de ce temps.

Les poltrons vous répudieront, pendant six semaines ou deux mois, et arriveront en foule au dernier moment.

De plus, vous aurez l'approbation et l'appui de tous les Directeurs, d'abord parce qu'ils sortent tous de cette école qui marche depuis un demi-siècle à la tête du progrès quel qu'il soit, chez laquelle, quoi qu'on en dise, toute idée grande et généreuse trouve encore un puissant écho, et ensuite parce qu'ils comprendront qu'une société comme celle-là sera une garantie de zèle et d'honorabilité pour les compagnies.

Nous ne sommes pas un homme pratique, cependant nous avons une idée qui peut être grande; nous vous la donnons. Voici l'œuf, couvez-le et faites sortir la bête.

Mais nous savons à l'avance que vous ne ferez rien.

Dans vingt ans, dans trente ans, nous serons morts ou retirés!

Nous n'y voyons pas d'inconvénients, mais vos enfants, vos successeurs?

On ne fonde pas en un jour, et l'égoïsme des générations amène les décadences.

Si vos grands-pères avaient pensé comme vous, où seriez-vous?

Au reste, à l'heure où nous parlons, cet œuf, on le couve. Une immense association se prépare, et elle est née surtout de l'affaire de la Compagnie d'Orléans.

Profitez donc du mouvement libéral, formez une des plus formidables sociétés qui aient existé; opposez au capital exploiteur le capital des travailleurs.

Ayez un organe, non pas comme le journal *l'Employé*, publié à Bruxelles, s'occupant de petite guerre à coups d'épingles et de scandales.

Faites cela, au grand jour, à Paris. Un journal hebdomadaire, s'occupant de vos affaires. Versez le cautionnement, qui ne sera que de *vingt-cinq mille francs.* Vous êtes soixante-dix-huit mille au moins, cela ne vous fait pas même cinquante centimes par individu.

Et quand vous serez riches et que vous parlerez haut, on vous respectera et votre avenir sera assuré.

LES CHEMINS DE FER DEVANT LE PUBLIC

Il n'y a pas d'individu, prenant, par hasard, un billet pour Versailles ou Meudon et voyageant peut-être pour la première fois, qui ne réforme immédiatement, et avec un aplomb imperturbable, tout un système d'administration.

Tout est mal fait, le service de billets est long; les trains ne partent pas assez fréquemment; ils ne vont pas assez vite; il y fait trop froid; il y fait trop chaud.

Et il y a quinze ans à peine, on se battait à la porte Saint-Denis, pour prendre les coucous d'assaut, et s'y empiler comme des harengs!

Puis l'inépuisable chapitre

DES ACCIDENTS

Ici nous allons laisser la parole à l'un des plus actifs propagateurs des chemins de fer en France, une grande autorité en pareille matière.

Voici ce qu'écrivait, il y a deux ans, à l'*Almanach des Chemins de fer*, M. Perdonnet, ancien élève de l'École polytechnique, directeur de l'École Centrale et administrateur de plusieurs chemins de fer, dont vous avez lu ici même une lettre relevant deux erreurs qui nous étaient échappées:

« Les accidents de chemin de fer, frappant plusieurs personnes à la fois, ont un caractère souvent effrayant. Il serait fort à désirer qu'on pût les éviter complétement, et cependant je ne connais d'autre moyen pour cela que de rester chez soi. Supposez en effet la machine la mieux combinée, elle sera toujours sujette à se déranger; supposez les hommes les plus capables, ils pourront bien quelquefois se tromper; les plus soigneux ont leur moment d'oubli.

« Il est dans la nature de notre pauvre humanité de se voir, pour ainsi dire, à chaque instant, exposée à quelque danger. Il y a quelques jours, je lisais, dans les journaux, qu'une grosse pierre, détachée de la corniche d'une maison en construction, était tombée sur une voiture de remise renfermant toute une famille d'honnêtes bourgeois, qui avaient miraculeusement échappé à la mort; mais, de nos jours, les miracles sont rares. Quelque temps après, un monsieur longeant le trottoir de je ne sais quelle rue, faisant peut-être de beaux projets pour le lendemain, est tué par un pot de fleurs tombé d'un sixième étage. — Une autre fois, c'est une dame qui, traversant la rue en causant, comme font toutes les femmes, glisse et est écrasée par un omnibus.

« Ces accidents passent inaperçus, parce qu'ils ne frappent que des victimes isolées; mais, si on les additionne et qu'on en compare le chiffre à celui des accidents arrivés sur les chemins de fer, on trouve que leur total est de beaucoup plus élevé.

« Ainsi, tandis que, dans l'espace de cinq années, le transport de quarante-sept millions de voyageurs sur les chemins de fer de l'Est ne donne lieu qu'à cent vingt et un accidents, dont cinquante seulement engagent la responsabilité de la Compagnie et ont occasionné la mort à *un seul voyageur*, des blessures graves à *six* et des blessures légères ou de simples contusions à *quarante-trois*, la Préfecture de police enregistre, à Paris, *vingt-cinq accidents par jour*, savoir :

« Cinq accidents entraînant la mort ou des blessures graves;

« Cinq accidents entraînant une incapacité de travail de plusieurs jours;

« Quinze accidents sans gravité.

« C'est-à-dire qu'il arrive à Paris, en un seul jour, plus d'accidents qu'il ne s'en produit en un an sur un réseau de chemin de fer de 1800 kilomètres !

« Au point de vue de la responsabilité pécuniaire, la Compagnie de l'Est a payé en *cinq années* une somme totale de 46,736 fr.

« En une *seule année*, les Compagnies des Omnibus et des Petites-Voitures de Paris payent plus de 200,000 fr., et ce chiffre est loin de comprendre ce qui est déboursé par les propriétaires des autres voitures circulant dans Paris.

« Du temps bienheureux des diligences, beaucoup de voyageurs aussi perdaient la vie sur les routes, mais la presse restait muette. On fait, chaque année, dans tous les pays le relevé des accidents causés par les chemins de fer; voici quel en a été le résultat pour plusieurs pays riches en voies à vapeur.

Rapport de la Commission d'enquête sur les moyens d'assurer la régularité et la sûreté sur les chemins de fer, 1858.

	Tués.	Voyag.	Blessés.	Voyag.
	—	—	—	—
Chemins de fer français...	1	sur 1.955.555	1	sur 496.551
Messageries françaises....	1	355.453	1	29.871
Chemins de fer anglais....	1	5.256.290	1	311.345
— — belges....	1	8.861.804	1	2.000.000
— — prussiens..	1	21.411.488	1	3.892.998
— — badois....	1	17.514.977	1	1.154.311

« En calculant le rapport du nombre des voyageurs tués ou blessés, sur les chemins de fer, en France, au nombre des voyageurs transportés depuis *l'origine de l'exploitation*, on a tenu compte de tous les accidents arrivés.

« Si l'on fait abstraction des accidents pour cause exceptionnelle, accidents qui sont arrivés dans l'origine des chemins de fer, mais qui ne peuvent se reproduire dans l'état actuel de la science, la proportion des voyageurs tués devient de un à neuf millions trois cent dix-sept mille six cent quarante-sept voyageurs.

« Elle a été inférieure même à ce chiffre dans les dernières années, et nous avons indiqué que, sur le réseau de l'Est, considéré isolément, elle avait été bien moindre.

« Les compagnies de chemins de fer ont deux grands ennemis : d'abord les gens qui sont jaloux des énormes bénéfices qu'ils supposent réalisés par les administrateurs et les ingénieurs de chemins de fer aux dépens de la vie des voyageurs; puis les inventeurs qui, tous, ont trouvé des moyens *infaillibles* d'empêcher les accidents, moyens que les Compagnies s'entêtent à ne pas appliquer.

« Si cependant on voulait se donner la peine de raisonner, on se dirait que les Compagnies sont intéressées, au premier chef, à empêcher les accidents et que leurs ingénieurs sont les plus capables de découvrir les moyens de les rendre les plus rares possible.

« Admettez, je le veux bien, que les administrateurs de nos grandes lignes sont des hommes sans cœur, qui se soucient peu de la vie humaine, pourvu qu'ils obtiennent de gros dividendes, vous reconnaîtrez du moins qu'ils savent assez bien calculer pour constater que le moindre accident leur coûte fort cher et porte une grave atteinte à ce dividende; ajoutez de plus qu'administrateurs et ingénieurs de chemins de fer circulent plus que le commun des martyrs, et que, par conséquent, ils sont les plus exposés à devenir victimes de leur propre négligence.

« Il faut donc que le public soit bien convaincu que les Directeurs des chemins de fer s'occupent très-consciencieusement des moyens de prévenir les accidents. Les observations critiques ne leur manquent pas, mais elles sont faites la plupart du temps par des hommes qui, n'étant pas du métier, ne se font aucune idée des difficultés et presque toujours des moyens qui, loin de prévenir le mal, l'aggraveraient.

« Ainsi, pour empêcher les attentats à la vie des voyageurs, on propose d'établir tout le long du train, en dehors des voitures, une galerie à l'aide de laquelle les gardes-freins pourraient à chaque instant exercer leur surveillance à l'intérieur des caisses ; mais croit-on pouvoir obtenir d'eux qu'ils se promènent continuellement sur cette galerie pendant la nuit, et n'y aurait-il pas à craindre que les malfaiteurs ne profitassent eux-mêmes de ces galeries dans l'intervalle de leurs tournées, pour attaquer un voyageur isolé et pour ensuite s'échapper ?

« Nous pourrions, s'il était nécessaire, multiplier ces exemples, mais nous pensons avoir démontré tout ce qu'il y a d'exagéré dans les reproches adressés aux Compagnies : aussi, pour nous résumer, dirons-nous au voyageur craintif :

« Les risques que vous courez en voyageant en chemin de fer ne peuvent malheureusement pas être contestés, mais ils sont tellement minimes, qu'il y aurait folie à s'en préoccuper. Vous en courez de bien plus nombreux en circulant dans les rues de Paris ou quand vous vous promenez en voiture. Les Compagnies ne sont pas négligentes, comme on ne cesse de vous le dire ; elles ont mis au premier rang de leurs devoirs, qui d'ailleurs sont d'accord avec leurs intérêts, les mesures destinées à assurer la sécurité des voyageurs et, dans les limites des prévisions humaines, elles ne négligent rien pour éviter les accidents. »

C'est la seule réponse à faire à la question des accidents. Mais, depuis quelque temps, une nouvelle crainte s'est déclarée chez le public au point de vue de la sécurité.

DE LA SÉCURITÉ

On croit généralement que les gens du métier ne s'occupent pas du tout des mesures à prendre à ce sujet. C'est une grave erreur. A la suite d'un assassinat qui eut un grand retentissement, le Ministre des travaux publics a nommé une commission composée de MM. Toyot, Couche et de Fourcy, tous trois ingénieurs en chef des ponts et chaussées et des mines, afin d'étudier à fond cette importante question.

De plus, le public s'en est mêlé, comme toujours, et, sous prétexte d'éclairer la Commission, est venu compliquer son travail par les propositions les plus excentriques.

Une des plus raisonnables, celle de M. Lafond de Saint-Mûr, à la séance du Corps législatif du 16 avril 1863, consistait à mettre à la disposition de tous les voyageurs un système de communication directe avec le chef de train.

M. de Boureuille, commissaire du gouvernement, démontra victorieusement l'inanité d'une pareille innovation.

En effet, avec des voyageurs français, le chef de train n'y eût pas suffi. Je ne parle pas des poltrons qui l'eussent dérangé à propos de rien. Mais les gens gais et les gens gris, les propagateurs de *Hé! Lambert!* eussent, à chaque instant, fait courir ce pauvre diable, histoire d'en faire *une bien bonne*.

Les conseils de toutes sortes ne manquèrent pas et, à la suite de la publication d'une circulaire dans les journaux, trente-deux propositions tombèrent sur la pauvre commission.

Dix demandaient la voiture américaine, praticable sur d'immenses réseaux, où la ligne directe est presque toujours suivie, mais impossible sur les chemins français, à cause de la fréquence des courbes.

Une va jusqu'à vouloir un système de réflecteurs, éclairant tout un train en marche et le mettant sous la surveillance perpétuelle d'un malheureux agent qui, les yeux fourrés dans deux énormes jumelles, aurait pour mission de noter tous les mouvements de tous les voyageurs.

Si l'on voulait une observation continuelle de tous les voyageurs, il fallait que les jumelles pussent embrasser, non-seulement l'intérieur du train, mais encore le dessus et le dessous. Car comment découvrir, par exemple, cet enfant qui, dernièrement, pris du mal du pays, et n'ayant pas d'argent pour payer sa place, parvint à se faufiler dans la gare, à accrocher entre deux tampons une sorte d'escarpolette sur laquelle il s'assit, et s'en allait à grande vitesse sur le chemin de fer de Lyon, voir sa famille, lorsque le chef de gare de Cesson, l'apercevant, heureusement, fit jouer le télégraphe et prévint la station la plus proche? Quels cris n'eût-on pas jetés contre les chemins de fer, en trouvant cet enfant broyé sur la voie!

Trois autres personnes s'attachèrent à la modification des voitures, sans employer le système américain. L'une d'elles a été exécutée par la compagnie de l'Est, et, évidemment, présente de grands avantages sur l'ancien matériel, comme surveillance et comme bien-être.

C'est une caisse à deux étages, et ayant néanmoins les dimensions du gabarit, les roues sont dissimulées, et la caisse, arrivant de niveau avec le quai des stations, supprime les marchepieds et gagne deux places de chaque côté. Deux coupés de première classe, d'un confortable et d'une élégance extraordinaires, sont placés en tête et en queue. Au centre, est le compartiment des secondes, avec dossiers rembourrés, prenant bien les reins et ayant, au milieu, une petite séparation capitonnée, qui permet de s'accoter : bref, à peu de chose près, les premières actuelles. Deux glaces volantes permettent, au besoin, l'appel aux premières. Au-dessus, se trouvent les troisièmes; on y monte au moyen d'un escalier très-commode. Un couloir y permet la circulation des agents. Les siéges sont, comme les nouveaux bancs des boulevards, en bandes de bois légères placées les unes à côté des autres, et le dossier, parfaitement cambré, prend les ondulations du corps, et forme fauteuil de jardin. En été, c'est délicieux.

Mais, en définitive, cette voiture ne peut être employée partout ; car, bien que, comme le dise spirituellement M. Rochefort, nous devions remercier la Providence, qui a si sagement placé des tunnels partout où coulent des chemins de fer, il arrive parfois que les tunnels sont trop bas pour laisser passer un semblable véhicule.

M. de G. Champ... propose une voiture dont voici le dessin :

1	5	1	5	1	5
2	6	2	6	2	6
3	7	3	7	3	7
4	8	4	8	4	8

Comme on le voit, tous les compartiments communiquent entre eux.

Somme toute, la commission, après avoir étudié consciencieusement tous les systèmes proposés, prit les conclusions suivantes :

Inviter les compagnies :

1° A pratiquer, dans les cloisons des voitures de première et de deuxième classe, une ou deux ouvertures fermées par une glace volante et munies d'une pièce d'étoffe mobile ;

2° A pratiquer, sur toutes les voitures composant un train de voyageurs, un système de marchepieds et de mains-courantes horizontales, permettant aux agents de trains ou aux contrôleurs de route de suivre toute la longueur d'un train.

Et voilà, en effet, les meilleures précautions à prendre. Quant au public, lui, il n'y va pas de main morte; il demande du jour au lendemain tout un nouveau matériel, et, dans ce cas, il parle comme voyageur.

Seulement, comme voyageur, le brave public oublie que, deux fois par an, il est actionnaire et vient toucher ses dividendes. Or, j'imagine qu'il ferait une singulière figure si, au moment de présenter ses coupons, on lui répondait :

« Impossible de vous payer vos intérêts pendant deux ou trois ans, attendu que nous avons été obligés de remplacer l'ancien matériel ! »

D'ailleurs, pourquoi cette peur exagérée ? Il y a eu deux assassinats en chemin de fer. Eh ! mon Dieu ! le président Lincoln a été tué en plein théâtre, au milieu de deux mille personnes, est-ce une raison pour ne plus aller au théâtre ? Il y a quelque temps, tous les journaux racontaient qu'un fiacre avait été arrêté à onze heures du soir, rue Neuve-des-Capucines ; que le cocher et les voyageurs avaient été roués de coups et dévalisés. Est-ce une raison pour ne plus aller en fiacre ?

Mais, à ce compte-là, on ne se rendrait plus d'une maison à une autre sans escorte. Et encore ! qui vous assurerait de la fidélité de l'escorte ?

Mais le *Public* ne se figure pas ce que c'est que le *Public*, cet être multiple, difficile, quinteux, frondeur, jamais content, peureux et superstitieux.

Et pour vous en donner une idée, parlons un peu du

VENDREDI

> Vendredi rien n'entreprendras,
> Ni autre chose pareillement.

Nous sommes dans un siècle de scepticisme ! s'écrie-t-on partout. Je le veux bien, quoique, pour mon compte, je croie sincèrement que nous sommes plutôt dans un siècle de *fanfaronnade*. Les petit-fils de Voltaire ne sont pas aussi cuirassés qu'ils en ont l'air. Ils pincent en effet assez bien la bouche railleuse et le rire strident — mais voilà tout. Le fond du sac reste toujours le même. On ne croit à rien, certainement, tant qu'il s'agit d'accepter une vérité ou d'aider à un progrès : Sauvage invente l'hélice et meurt à Bicêtre ; Poitevin, Nadar et autres cherchent la navigation aérienne : le premier traîne sa misère au bout du monde et le second recueille, comme témoignage de sympathie, un chant célèbre :

Ah! zut alors! si Nadar est malade!

Non, on ne croit pas à tout cela! mais on croit aux somnambules, aux empiriques, aux tireuses de cartes, au *vendredi*. — Oui, au *vendredi*.

Le croirait-on, en plein Paris, au dix-neuvième siècle, on a peur du vendredi!

Et le P. Félix, le P. Hyacinthe, les ministres luthériens et réformés, les lévites israélites ont la naïveté de tonner contre l'indifférence et le manque de foi!

Voici quelques relevés qui nous ont été fournis et qui prouveront ce que nous avançons : le lecteur jugera lui-même de l'influence du vendredi sur la recette des chemins de fer.

Voyageurs transportés du 29 mai au 25 juin 1865 sur trois lignes prises au hasard :

		Lundi	Mardi	Mercredi	Jeudi	Vendredi	Samedi	Dimanche
1re Ligne	Du 29 mai au 4 juin...	5.071	4.601	4.686	5.358	4.122	8.671	14.855
	Du 5 juin au 11 —	10.396	6.152	4.943	5.244	4.332	6.789	13.953
	Du 12 — au 18 —	5.808	5.135	4.684	5.273	4.100	6.757	12.034
	Du 19 — au 25 —	5.256	4.853	4.539	5.457	4.357	7.744	13.081
	Totaux...........	26.531	20.741	18.852	21.332	16.911	29.661	54.503
2e Ligne	Du 29 mai au 4 juin...	1.557	1.466	1.461	1.558	1.578	3.080	5.708
	Du 5 juin au 11 —	6.676	1.848	1.585	1.814	1.345	2.749	5.771
	Du 12 — au 18 —	1.838	1.652	1.469	1.579	1.305	2.688	5.463
	Du 19 — au 25 —	1.690	1.631	1.320	1.584	1.454	3.497	5.516
	Totaux...........	11.761	6.597	5.835	6.535	5.482	12.014	22.458
3e Ligne	Du 29 mai au 4 juin...	950	900	1.020	1.089	806	2.244	4.512
	Du 5 juin au 11 —	2.619	1.023	978	1.021	822	1.834	3.551
	Du 12 — au 18 —	1.033	903	934	1.081	784	1.861	3.676
	Du 19 — au 25 —	1.063	910	928	1.057	839	1.991	3.707
	Totaux...........	5.645	3.736	3.860	4.248	3.251	7.930	15.446

Nous garantissons l'authenticité de ces chiffres, mais le lecteur comprendra le sentiment qui nous empêche de citer les compagnies auprès desquelles nous sommes parvenu à nous les procurer.

Nous avons dit plus haut que le public voyageur oubliait, lorsqu'il demandait des réformes, que, deux fois par an, il était actionnaire et qu'alors il devenait féroce. Nous avons connu deux types assez complets dans ce genre.

Le premier était un surveillant. Il épousa un beau jour une cuisinière porteuse de quatre actions. A partir de ce moment, d'ancien insurgé, il devint conservateur à tout prix; criait chaque fois qu'on augmentait le personnel ou qu'on faisait peindre la gare.

Pour le second, il était unique, & je vous demande la permission de vous raconter son histoire.

LE CALVAIRE DE L'ACTIONNAIRE

Sur le côté droit de la gare de l'Est se trouve une ruelle qu'on nomme, je ne sais pourquoi, l'*impasse Lafayette*. Elle est remplie de bouges, décorés du nom d'hôtels garnis, où ne logent presque que des filles ; elle aboutit, à son extrémité nord, au pied d'un bel escalier de pierres qui conduit à une terrasse dominant la voie du chemin de fer d'une dizaine de mètres et menant à la rue Lafayette. Au bas de cette terrasse, se trouve une grille conduisant à la ligne de Mulhouse.

Lorsque la compagnie de l'Est ouvrit cette ligne, tous les porteurs d'actions de Strasbourg poussèrent des cris de feu, prétendant que ce serait la ruine de la Société, que ceci, que cela, et bien d'autres choses encore.

Un petit homme, à favoris grisonnants, à l'œil bleu tendre, modestement vêtu, entra un jour dans la salle des Pas-Perdus et, s'adressant au surveillant :

— Monsieur, lui dit-il, pourriez-vous me dire combien on a délivré de places pour le train qui vient de partir?

— Ma foi, monsieur, je ne saurais vous dire, mais les receveurs pourront vous donner ce renseignement.

Notre homme court donc aux receveurs et ceux-ci lui demandent à quel titre il se présente.

Son œil devient sérieux, sa tête se redresse avec majesté:

— Je suis actionnaire, monsieur, avec droit d'assister aux assemblées générales.

Fichtre! quarante actions au minimum, c'est-à-dire vingt mille francs, au plus bas mot! C'est un poids auprès d'un homme qui, en travaillant quinze heures par jour, n'en gagne que quinze cents par an.

Le pauvre diable se laisse influencer, donne des chiffres, et voilà notre homme qui lève les bras au ciel et pousse des soupirs à attendrir des rochers.

— Je l'ai toujours dit: cette ligne ruinera

la compagnie. Et comme marchandises, monsieur?

Le receveur avait repris son sang-froid.

— Pour la grande vitesse, au fond de la cour, à la messagerie ; pour la petite vitesse, à la gare de la Villette. Bonjour, monsieur !

Le lendemain, au premier train, l'actionnaire reparaît et recommence ses questions. Cette fois, il a un carnet à la main et prend des notes.

Pendant toute la journée, il reparaît, après chaque départ, et continue son enquête.

Cette fois, l'employé, agacé, répond par des chiffres fantastiques qui exaspèrent le pauvre homme. Le bruit se répand, dans la gare, de l'existence de cet original, et alors une ligue formidable s'organise.

Pour lui, dès six heures du matin, il est sur la terrasse, penché au-dessus du parapet et essayant de fouiller de l'œil les trains qui passent : il a son carnet à la main. Aussitôt le convoi disparu, il dégringole de son observatoire et les renseignements arrivent.

Nécessairement, ils sont désespérants.

Il est parti trois voyageurs, dont deux militaires et un enfant au-dessous de sept ans, c'est-à-dire une demi-place et deux quarts de place.

— Comment, quart de place?

— Oui, monsieur.

— Mais, sur Strasbourg, les militaires payent moitié.

— Oui, monsieur, mais Strasbourg est une ancienne ligne, ce qui n'est pas la même chose. D'après les nouveaux cahiers des charges, les militaires doivent payer quart de place.

Les expéditions de grande vitesse sont à la hauteur de ces chiffres.

Le bonhomme est dans un état impossible.

Tous les jours il est là et la scie recommence vingt fois par jour. Ce qu'il a dû enregistrer d'enfants au-dessous de sept ans et de militaires est quelque chose de fabuleux. Il tonne, il tempête contre cette déplorable tendance de notre époque de laisser voyager seuls des enfants, à peine sevrés, et en compagnie de soldats, d'*êtres désœuvrés et cor-*

rompus, de célibataires... improductifs — et qui ne payent que quart de place !

Chose incroyable, cette plaisanterie dura près de trois mois. Il arrivait parfois qu'il avait compté plus de voyageurs qu'on ne lui en avait déclaré. Il y avait des différences de 40 et 50. On avait réponse à tout.

— Ce sont des inspecteurs qu'on envoie sur la ligne.

— Comment, 50 inspecteurs?

— Oh! il y en a bien davantage, quelquefois!

— Mais, pourquoi ces envoyés extraordinaires?

— Une dépêche ministérielle qui est arrivée ce matin. La grande-duchesse de Hohenteufel-Hanswurst a perdu un parapluie enrichi de diamants, cadeau de son auguste père le roi de Seringmarinen, et il y a ordre formel de le retrouver.

La période de fureur était passée et avait fait place à un abrutissement plein de douleurs.

— Mais si les grandes-duchesses se mettent

à perdre aussi souvent des parapluies enrichis de diamants, les actionnaires finiront par ne pouvoir même plus en acheter à quarante sous pièce.

Un beau matin, on ne le vit plus.

Qu'est-il devenu? Est-il mort? Est-il fou? S'est-il enfin aperçu qu'il était victime d'une formidable mystification ?

Je ne saurais le dire. Mais la terrasse garda longtemps ce nom singulier : le *Calvaire de l'actionnaire*, et beaucoup de gens l'appellent, encore aujourd'hui, le *Calvaire*, sans savoir pourquoi.

FACILITÉS ET BIEN-ÊTRE

Beaucoup de personnes font ces deux demandes :

Pourquoi limiter au train pour lequel il est pris la valeur d'un billet?

Pourquoi ne pas permettre de prendre dix ou douze billets à l'avance?

Les gens qui ont l'habitude d'aller à leur campagne une ou deux fois par semaine arrivent parfois après la fermeture du guichet et auraient cependant encore le temps de monter dans le train.

Aux premières, nous répondrons que, presque jamais, un receveur ne refuse de reprendre le billet qu'il vient de délivrer, lorsque ce billet devicnt inutile au voyageur. Quand ce n'est qu'un train manqué, il consent toujours à retimbrer le billet pour le train suivant.

Aux autres, notre réponse sera moins facile.

Nous croyons qu'en effet la formalité vient encore poser ici sa lourde griffe.

Le surveillant placé à la porte d'attente pourrait, pour la facilité du contrôle, posséder un timbre sec frappant le billet à la date du jour et au numéro du train.

Et quant à l'objcction de la crainte de fabrication de faux billets, on pourra la détruire, en faisant observer qu'il serait bien extraordinaire que les faussaires connussent parfaitement les numéros de la série en distribution et, qu'au surplus, le receveur, en délivrant les billets pris à l'avance pour un mois par exemple, pourrait les frapper également d'un timbre ou d'une griffe spéciale.

Du reste, nous allons plus loin. Nous croyons fermement à la réalisation, avant dix ans, de progrès qui passeraient aujourd'hui pour des utopies. Jamais les compagnies n'ont autant travaillé que depuis deux ans à marcher en avant.

Nous croyons, disons-nous, qu'il sera aussi facile de se mettre en wagon ou d'expédier des marchandises, sans perdre de temps, qu'il est facile de mettre une lettre à la poste. Les compagnies vendront des timbres-chemins de fer, comme on vend des timbres-poste et qui auront la même signification. On affranchira ses paquets et sa personne soi-même, quitte à être surtaxé à la vérification et au contrôle. — C'est un procédé à chercher, mais on le trouvera.

Examinons et énumérons, au pas de course,

toutes les réformes opérées depuis peu de temps.

Presque partout, aussitôt son billet pris, on peut entrer dans les salles d'attente pour les traverser seulement et monter dans le train.

Tous les chemins réservent des compartiments de premières, de deuxièmes et de troisièmes pour femmes voyageant seules.

Le public s'est plaint de la fumée des locomotives. L'appareil fumivore *Tembrinck*, expérimenté sur l'Est, ayant réussi, doit, dit-on, être mis en application, sur tous les réseaux.

Le public, qui ne voulait pas voir fumer les machines, voulait pouvoir fumer, lui. On a commencé par réserver des compartiments aux fumeurs; mais, voyant que les progrès du tabac rendaient cette attention insuffisante, on a donné l'ordre aux agents des trains de laisser tomber le règlement en désuétude, à moins pourtant qu'un voyageur, incommodé par la fumée, n'en réclame formellement l'exécution.

Les compagnies d'Orléans, de Lyon et de

l'Est ont établi pour certains trains de longue ligne des water-closets dans des fourgons, avec une antichambre pouvant contenir deux personnes.

Mais, jusqu'à présent, les systèmes présentés n'ont pas offert assez d'éléments pratiques pour pouvoir permettre la généralisation de cette mesure.

Reste la question du chauffage des compartiments de deuxièmes et de troisièmes classes.

Mais comment faire? Le renouvellement des boules d'eau chaude des premières est une cause perpétuelle de retards. Que serait-ce si l'on était obligé d'en mettre partout?

Il y avait bien le recours aux inventions nouvelles. Le plus raisonnable des systèmes est celui de M. Delcambre, qui consiste à prendre un courant de vapeur dans le tuyau d'échappement de la machine. Il réussit, comme chauffage, mais il offre un inconvénient extraordinaire : il diminue la force de la traction, tout en augmentant la consommation du combustible.

En Silésie, on emploie un moyen, qui doit être insuffisant pour les trains de grands parcours. On remplit des cylindres en fonte de sable chauffé au rouge et on les place extérieurement dans un tambour en tôle pratiquée sous les banquettes.

SUPÉRIORITÉ DES CHEMINS FRANÇAIS

Le Français, si chatouilleux sur le point d'honneur national, lorsqu'il est hors des frontières, dénigre assez volontiers son pays, lorsqu'il est en France, et ne tarit pas en éloges sur ce qui se fait à l'étranger.

Les Anglais, les Belges et les Allemands possédaient des voies ferrées bien avant nous. Eh bien! soit dit sans offenser les Français, nous les avons tous dépassés, excepté peut-être les Belges, qui marchent de pair avec nous.

En 1834, un ministre, revenant de visiter le chemin de Liverpool, montait à la tribune et s'écriait :

« Les chemins de fer sont bons à servir de joujoux aux curieux d'une capitale et de moyens de transport dans quelques cas exceptionnels. Il n'y a pas aujourd'hui dix lieues de chemin de fer en construction, en France, et, pour mon compte, si l'on venait m'assurer qu'on en fera cinq par année, je me tiendrais pour fort heureux. »

Voici ce qui répond à cet homme d'État :

En 1842, c'est-à-dire huit ans après, sur 806 kilomètres concédés, il y en avait 569 exécutés ;

De 1842 à 1852, sur 3,112 kilomètres, 2,989 exécutés ;

De 1852 à 1853, sur 9,810 kilomètres, 3,882 exécutés ;

Aujourd'hui le réseau est à peu près achevé.

C'est nous qui avons le moins de retards. Ils n'ont généralement lieu qu'en automne et en hiver, par suite de la chute des feuilles, du brouillard ou des neiges.

Notre matériel est le premier du monde, comme construction et comme confortable, et nous sommes bien supérieurs à l'Angleterre, qu'on nous présente toujours comme modèle. Exemples : les premières sont loin de valoir les nôtres et ne sont presque jamais chauffées; les secondes n'ont pas même de dossiers, à peine une simple bande de drap à la hauteur des reins. Je ne parlerai pas des troisièmes.

Nulle part le service n'est aussi régulièrement fait : entre autres celui des bagages, qui est presque à l'état d'enfance dans tous les autres pays.

LE CHEMIN DE LA CROIX

Vers la fin du dernier règne, *un invalide* (cette race est sans pitié), effrayé de l'extension que prenait le commerce des rubans, proposa à la chambre des députés de rendre la décision suivante : *Tout individu orné d'une décoration devra porter, sur le ruban, une plaque de cuivre ou d'or, sur laquelle sera inscrite la cause qui l'a fait décorer.*

Malgré les criailleries de quelques autres estropiés, la motion fut rejetée au milieu des éclats de rire. Dernièrement un homme d'esprit demandait un impôt sur l'importation du ruban étranger, sans plus de succès! Nous n'avons pas à entrer ici dans des appréciations pour ou contre.

Du moment qu'un État fleurit la boutonnière d'un particulier, il a certainement ses raisons!

D'un autre côté, nous n'admettons pas qu'une croix ne soit faite que pour boucher un trou à la peau : on peut bien mériter d'un pays de mille façons : le soldat, l'artiste, le diplomate, l'écrivain, l'inventeur, le négociant rendent des services équivalents... bien que le dernier, plus heureux que les autres, trouve le moyen de s'enrichir en même temps.

Seulement, ce qui nous amuse, ce sont ces gens qui, à propos de rien, visent à la brochette cosmopolite, et, suivant la vigoureuse expression d'Aug. Barbier,

S'en vont, de porte en porte et d'étage en étage,
Gueusant quelques bouts de galons !

Aperçoivent-ils l'ambassadeur de Prusse : « Ah ! monseigneur, combien j'ai été heureux du succès des armes de Sa Majesté ! Les cœurs des cannoniers de Missunde n'ont pas battu plus fort que le mien à la nouvelle de la victoire ! » Est-ce le secrétaire de l'ambassade danoise : « Ah ! monsieur, quelle épouvantable chose ! Ai-je assez maudit ma position qui m'empêchait de voler dans les rangs de votre héroïque, etc., etc. »

Ces gaillards trouvent parfois moyen de réunir sur la même poitrine : la croix de Suède pour leur orthodoxie protestante et celle du pape pour leur orthodoxie catholique, l'Aigle-Blanc de Pologne et Saint-Vladimir le Grand, etc., etc., et ils en sont très-fiers !

J'ai connu un individu qui avait pour position sociale d'orner de cette façon un amateur. Il courait du matin au soir dans les chancelleries, chez certains pasteurs allemands, dans des communautés religieuses, avait 200 fr. par mois, de fixe, et une prime pour chaque succès. Je le rencontrai dernièrement en piteux équipage :

— Eh bien! lui dis-je, la quête ne donne donc plus?

— Hélas! me répondit-il, mon maladroit s'est laissé mourir de chagrin, parce qu'il n'a pu attraper la vraie, la bonne, la Légion d'honneur! Ah! si j'avais su cela, c'est moi qui aurais fait mettre les brevets à mon nom! »

Ces gens sont inutiles, n'ont rien fait pour mériter une distinction, on en rit et l'on a raison. L'employé de chemin de fer, arrivé à un certain grade, est fortement travaillé de cette monomanie. Que quelques ordres soient donnés à la suite de traités commerciaux, passés avec des compagnies étrangères, traités avantageux pour les deux pays dont ils augmentent la richesse : il est assez naturel que ceux qui ont cherché et trouvé ces combinaisons commerciales reçoivent une récompense! Des princes, dans leurs voyages, se trouvent en contact avec des fonctionnaires, en reçoivent des services, ont l'habitude de les voir, conçoivent pour eux des sympathies et, en quittant la France, leur laissent un souvenir, qui établit entre eux une sorte de compatriotisme moral. Cela se comprend encore au besoin.

Mais que dire d'un tas d'individus qui portent fièrement sur la poitrine les ordres de pays dont ils ne connaissent même pas l'organisation.

Après tout, pour l'importance qu'on attache aujourd'hui à tous ces brimborions, il n'y a pas grand mal.

D'un autre côté, je ne trouve aucun mal à ce que la Légion d'honneur vienne parfois aussi récompenser ces hommes qui, en définitive, aussi bien que les fonctionnaires de l'État, rendent des services au pays.

Mais ce qui m'étonne, c'est que les chemins de fer ne réclament pas des médailles, sinon des croix, pour récompenser les actes d'intrépidité et de dévouement si fréquents de leurs agents inférieurs.

Je dis sinon des croix, parce que, malheureusement, dans notre beau pays de France, si l'on voyait ensemble deux hommes décorés, à l'un on dirait :

— Pourquoi ?

— J'ai sauvé deux trains, composés de quatre cents voyageurs français, qui allaient se rencontrer.

— Ah !

— Et vous ?

— J'ai tué de ma propre main cinq Autrichiens à Magenta.

— Oh ! oh !

A partir de ce moment on ne regarderait plus le premier. — Tous deux méritent pourtant la même admiration : Toi, tu as débarrassé ta patrie de cinq ennemis et tu as travaillé à sa gloire. Toi, tu as travaillé à son bien-être, en lui conservant quatre cents de ses enfants... et je suis trop patriote pour ne pas croire que quatre cents Français vivants valent bien cinq Autrichiens morts.

J'ai cherché partout quelques faits à citer; mais, dans bien des Compagnies, on les laisse ignorés. Celle de l'Est a eu une très-heureuse idée, c'est de flatter l'amour-propre, en portant à l'*ordre du jour*, par une circulaire adressée au personnel, tous les actes de courage, de dévouement et de probité. En voici quelques-uns :

Le 6 février 1865, un train de matériaux, mis en marche entre Schlestadt et Sainte-Marie-aux-Mines, s'étant coupé au passage de Musseloch, les wagons descendirent la rampe, avec une vitesse extraordinaire. Le garde-frein *Mauler*, faisant fonctions de chef de train, courut après cette partie du train et fut assez heureux, en sautant d'un wagon sur l'autre, pour arriver au dernier, qui était muni d'un frein qu'il manœuvra aussitôt; il parvint ainsi à arrêter les wagons, qui avaient déjà parcouru 3 kilomètres.

Le 25 mars, *Compère*, facteur à la station de Nogent-sur-Marne, désarmait un voyageur furieux, qui menaçait d'un pistolet chargé des gens avec lesquels il se querellait.

L'aiguilleur *Wahl*, de Hagueneau, arrête,

à environ 200 mètres du train (20) 72, un cheval qui, ayant pris le mors aux dents, a brisé son attelage au sortir de la ville, s'est précipité sur la voie et a traversé la gare au galop.

Le 24 mars de cette même année, un voyageur tente de descendre du train n° 63, au moment où ce dernier se mettait en marche à la station de Saint-Mandé (ligne de Vincennes); il glisse entre le train et le quai, en avant du fourgon. Le garde-frein *Soustrogne*, l'apercevant dans cette situation critique, se précipite vers lui, le saisit et, aidé un instant par l'homme d'équipe, Drouin, parvient à placer ce voyageur sur le tampon et à le maintenir en se cramponnant lui-même après la rampe de l'impériale, autour de laquelle il avait passé un de ses bras. *Soustrogne* reste dans cette position jusqu'à Vincennes, où il dépose le voyageur, qui n'avait reçu que de légères égratignures. Ajoutons, si le lecteur ne l'a pas compris, que le sauvé était ivre, ce qui ne simplifiait pas la besogne du sauveur.

Voici ce que nous avons pu recueillir dans

les circulaires d'une seule compagnie, pour le premier semestre 1865 : mais ce que nous ignorons!

Où retrouver le nom de ce chef de train de la compagnie des Ardennes, qui voit son train marcher sur un autre, et après avoir sonné inutilement à la machine, monte sur son fourgon, et aperçoit chauffeur et mécanicien, ivres et dormant sur le coke? Il profite de l'agilité que lui a donnée son ancien métier de toréador, bondit de marchepied en marchepied, posant de temps à autre le pied à terre, en se cramponnant aux poignées des wagons, pour se donner de l'élan, et arrive ainsi jusqu'à la locomotive, assez à temps pour réveiller les délinquants.

Qui nous donnera le nom du mécanicien conduisant le train brisé, au mois de septembre 1864, à l'accident de Pierrepont, qui se rappelle être suivi de près par un train de marchandises, dont l'arrivée va encore aggraver le sinistre, qui remonte sur sa machine, muni de tous ses signaux, et va couvrir son train, pour avertir celui qui arrive?

A peine se souvient-on du chauffeur *Cassagnabère*, et de son acte d'héroïsme au mois de mai 1864.

Le train n° 1007, arrivant de Bayonne, en entrant à la gare de Hendaye, prend, on ne sait comment, la voie de dépôt, qui conduit dans la Bidassoa.

La machine de Cassagnabère est sur la voie, prête à manœuvrer; il aperçoit le péril, s'élance sur sa locomotive, serre ses freins et attend le choc de pied ferme; il le reçoit hardiment et est refoulé, heureusement sans dérailler. Mais le train n° 1007 avance toujours et, dans un instant, tout sera dans le fleuve. Cassagnabère revient à toute vapeur, brise le premier wagon rempli de planches et fait dérailler le second. Le train s'arrête : il était temps, la Bidassoa était à quelques pas.

Nous le répétons, ces actes ont besoin du plus grand retentissement; on ne peut les récompenser par de l'argent, et un ruban, ne fût-il que tricolore, ne serait pas déplacé sur la poitrine de ces vaillants.

Le système de l'Est est le bon, et c'est un

excellent stimulant qu'un ordre dans le genre de celui-ci :

« Dans les journées des 4 et 5 juin 1865, il a été transporté sur la ligne de Vincennes, 107,056 voyageurs.

« Ce mouvement s'est effectué sans qu'on ait eu à déplorer le moindre accident.

« Le Directeur de l'exploitation remercie les agents de tous grades du dévouement avec lequel le service a été fait; il est heureux de leur annoncer que, sur sa proposition, le Directeur de la Compagnie a demandé au Conseil d'accorder à chaque agent une gratification égale au montant de deux journées de solde. »

La gratification n'est rien, mais le procédé est inappréciable.

Et cependant le public n'a presque aucune considération pour ces hommes honorables et intrépides, et il les traite presque toujours avec un dédain outrageant.

Cependant chez eux le sentiment de l'honneur et de la dignité est développé comme chez pas un.

J'en ai connu un qui est mort, et mort d'une mort épouvantable, des suites d'un soufflet.

Laissez-moi vous raconter ce drame, j'espère que ce récit portera ses fruits.

LE SOUFFLET DU CHEF DE GARE

Il avait quarante ans. Beau, grand, spirituel, faisant le couplet d'une façon charmante. Une balle lui avait fracassé le genou, à Balaklava je crois. Il avait été réformé et décoré. Rien qu'en le voyant, on devinait le capitaine de hussards.

En rentrant en France, il était allé tomber dans les bras d'une vieille tante dont il était adoré et qui, depuis dix ans, l'avait fait son légataire universel. Il avait trouvé la bonne femme plus que modestement logée, et elle avait sangloté en le serrant dans ses bras.

— Tiens, s'était-il dit au bout de quelques jours, ma tante serait-elle devenue avare ou aurait-elle tout donné aux curés? Bah ! avec ma retraite !

Cependant cette tristesse l'avait inquiété et, de fil en aiguille, d'informations en informations, il avait appris qu'un banquier, auquel elle avait confié sa fortune, deux cent mille francs environ, avait fait un trou à la lune et qu'elle était ruinée.

Un jour il arriva chez elle tout gai :

— Allons tante, lui dit-il, vous savez que je suis votre héritier et vous savez aussi que je suis assez honnête homme pour accepter une succession tout entière, sans admettre le bénéfice d'inventaire. Vous m'avez servi de mère, il est assez juste que je vous serve de fils. Je viens d'être nommé chef de gare dans un chemin de fer. La position est superbe et ne peut que s'améliorer. Avec mes goûts, ma retraite me devient inutile ; de plus, n'ayant pas l'intention de me marier, je n'ai pas besoin d'amasser de l'argent. Faites-moi donc le plaisir de l'accepter pour vous et embrassez-moi.

A partir de ce moment, l'adoration de la pauvre femme était devenue de l'idolâtrie.

Il n'avait dit que la moitié de la vérité. Sa gare ne rapportait que dix-huit cents francs; néanmoins, il vivait honorablement et n'avait pas de dettes.

Son caractère le faisait aimer de tous et il était heureux, dans sa médiocrité, quand un événement vint changer la face des choses.

Un jour, un commis voyageur eut une discussion avec lui. Le train allait partir. Le capitaine (tout le monde l'appelait ainsi) essayait, de son mieux, de faire comprendre au voyageur qu'il était dans son tort, lorsque ce dernier laissa échapper je ne sais quelle expression malsonnante :

Il n'était pas patient, le capitaine, et quoique bien élevé, il avait ses fureurs.

— Insolent ! s'écria-t-il, si nous n'étions pas ici... Et il leva la canne qui lui servait à marcher.

Au même instant, il recevait sur la joue le soufflet le plus vigoureux.

En même temps, le signal du départ retentit, la machine siffle, le train se met en route, le voyageur s'est sauvé dans un compartiment : tout cela en deux secondes.

Le capitaine court, mais en boitant, fait des signes que le mécanicien ne voit pas et le convoi a disparu.

Le voilà seul, atterré, sur le quai.

S'il y avait eu une machine en gare, il l'aurait fait chauffer et se serait élancé à la poursuite du train ; mais rien... forcé d'attendre le convoi suivant.

Ce convoi paraît enfin. Il y monte ; il suit la destination du voyageur et, cette fois, il le retrouvera.

Il arrive, fouille les hôtels, passe deux jours à chercher. Rien !

Il donne le signalement partout — promet de l'or pour le moindre renseignement — puis navré, pleurant, lui, cet homme de cœur, ce soldat, ce joyeux compagnon, il reprend la route qui le reconduit à son poste.

Alors, pendant six mois, eut lieu une chasse insensée.

Des dépêches télégraphiques arrivaient de tous côtés. Le commis voyageur avait été vu dans un train et son billet était pour Bruxelles. Le capitaine se mettait immédiatement en route et arrivait en Belgique. Il courait chez les négociants, lorsque les hôtels ne lui avaient pas donné satisfaction.

Ce qu'il a parcouru de kilomètres pendant cette demi-année est incroyable.

Parfois une tournure, un son de voix, lui mettait la puce à l'oreille. Il courait, regardait un homme sous le nez, recevait des rebuffades, que jamais auparavant il n'aurait supportées, mais ne répondait pas. Il n'avait qu'une pensée, qu'une idée fixe, son soufflet !

Ce soufflet lui brûlait sa vie.

Une fois, il vit un voyageur pressé monter dans un convoi. Un je ne sais quoi dans la coupe de cheveux — il ne l'avait vu que par derrière — le trouble ; il se jette dans un compartiment, arrive à Paris.

En descendant en gare, il s'approche :

— Me reconnaissez-vous ? je suis le chef de gare de tel endroit. Ne niez pas. Vous n'aviez que des moustaches ce jour-là. Vous avez laissé pousser votre barbe, mais je vous reconnais.

— Que me voulez-vous ?

— Mais vous le savez bien, je suis M..., ancien capitaine au *** hussards. Il me faut tout votre sang. Ce que j'ai souffert depuis six mois, personne ne le sait. Tenez (et il retira de sa poche sa décoration), ce ruban, je n'ose plus le porter ; quand je le regarde, tout son rouge me monte au front. Ma vie est empoisonnée. Si vous aviez été mort, j'aurais été vous déterrer pour planter une balle dans votre carcasse... Mais dites-moi donc votre nom !

— Monsieur, vous êtes fou. Je suis M. Banel, négociant à Genève. Je ne suis pas venu en France depuis cinq ans et en voilà vingt que je porte toute ma barbe.

— La preuve ?

— Ah ! vous m'ennuyez ! et je vais vous faire arrêter.

— Je m'en f..., je ne vous lâche pas, et si vous appelez, je vous tue sur place.

Le malheureux Suisse n'osa souffler mot et le capitaine l'accompagna jusque chez sa fille, mariée à un négociant de la rue du Sentier.

Là tout s'expliqua. Il se sauva à sa gare plus navré que jamais.

On comprend, qu'avec une pareille vie, le service allait de bric et de broc. La gare était encombrée de marchandises qui ne partaient pas ou n'étaient pas remises aux destinataires. Un cri unanime retentit parmi les intéressés. Les procès commencèrent contre la compagnie.

Il fallut sévir. On exigea sa démission.

Il la donna et se retira chez sa vieille tante.

A partir de ce moment, il ne fut plus reconnaissable ; il se courba en deux, sa barbe devint inculte, ses cheveux blanchirent. Il restait des journées entières l'œil perdu dans le vague, ne parlant pas, songeant toujours à son soufflet.

La pauvre vieille ne savait à quoi attribuer ce profond affaissement.

Puis, petit à petit, il en arriva à parler tout seul, à se promener en faisant des gestes et en semblant répondre à des êtres invisibles. Il tombait en garde, son œil s'allumait, il jetaït des cris rauques et poussait des bottes terribles dans le vide.

Puis, un jour, il sauta sur un monsieur, le souffleta et voulut se battre séance tenante.

Il était fou ; on dut l'enfermer.

Que dire?

Ce fut l'affaire de trois mois.

Il est mort et la pauvre vieille tante eut le bonheur de le suivre dans la tombe, un mois après, tuée par le chagrin.

Et le commis voyageur où est-il?

Il continue probablement ses tournées, égayant fort les tables d'hôte en racontant, qu'à la station de X..., il a souffleté le chef de gare, un ancien capitaine de hussards, décoré de la Légion d'honneur, qui a empoché la chose sans souffler mot.

CONCLUSION

Dieu a mis sept jours à faire le monde, et le monde est loin d'être parfait (il est vrai que les hommes y ont mis du leur). Nous pouvons donc bien accorder un petit répit aux chemins de fer, avant d'exiger d'eux la perfection.

Nous vous avons pris au moment de la concession, nous vous avons présenté tous les agents que vous aperceviez, nous vous avons décrit, peut-être d'une manière un peu fantaisiste, ceux que vous ne pouviez voir; nous vous avons fait connaître les réformes opérées et celles qui ne l'étaient pas encore; nous avons procédé à la fois par analyse et par synthèse pour faire cette étude le plus consciencieusement possible.

Peut-être eût-il été bon de dépasser le présent et de voir ce que seront les chemins de fer dans une cinquantaine d'années.

Et d'abord seront-ils?

Qui peut répondre à cette question? Qui sait si l'électricité, qui a déjà commencé sa lutte, ne finira pas par détruire la vapeur et ne résoudra pas le problème de la voiture automobile, pouvant marcher sans le secours des rails. Alors ce sera la revanche de la grande route. Nous ne parlons pas de la navigation aérienne.

Et en supposant que, dans un demi-siècle, l'esprit humain en fût encore au rail-way, tout serait bien changé.

La décentralisation fait de jour en jour des progrès.

Nous croyons, qu'à un moment donné, chaque tronçon appartiendra à la commune qu'il traverse; que le matériel et le personnel seuls resteront la propriété des Compagnies, mais que chaque particulier aura le droit de louer un, deux, trois wagons, à sa fantaisie, et de les remplir comme il l'entendra. Ce sera le seul moyen de rétablir la concurrence dans l'industrie des transports.

Les transporteurs payeront aux communes un impôt semblable à celui des 29 centimes perçus autrefois par les maîtres de postes.

Mais le lecteur sait que nous ne pouvons nous embarquer dans une théorie qui demanderait encore un volume de développements.

Nous avons voulu rester dans le présent.

Nous avons entendu dire de telles sottises sur les chemins de fer, que nous avons pensé que le public nous saurait peut-être gré de lui en présenter une physiologie exacte. Il y avait deux écueils. Si nous n'étions pas technique, ennuyeux et doctrinaire, les gens ad-

ministratifs pouvaient dire que nous n'étions pas sérieux. D'un autre côté, l'homme du monde pouvait nous déclarer pédant et assommant et ne pas nous lire.

Peut-être avons-nous échoué sur ces deux écueils. Dans tous les cas, notre intention a été bonne. Nous avons montré assez d'indépendance d'allures pour qu'on ne nous accuse pas de courtisanerie, mais nous avons voulu être juste envers les compagnies, envers leur personnel, envers le public,

Et dire à ce dernier : Défiez-vous des guerres acharnées : elles annoncent la haine personnelle.

Les Compagnies sont surtout attaquées parce qu'elles ne se défendent pas, bien qu'elles aient la naïveté de faire la charité à deux ou trois feuilles de choux qui ont trois pages d'annonces, ne sont pas lues du public, se tirent à 100 exemplaires et sont faites par de pauvres diables sans talent, sans style et sans connaissances spéciales, pour lesquels elles sont des *Hospices d'Incurables littéraires.*

Avons-nous atteint le but que nous nous proposions ?

C'est au public et aux chemins de fer à le dire.

FIN

TABLE DES MATIÈRES

FIN DE LA TABLE

PARIS. — IMPRIMERIE L. POUPART-DAVYL, RUE DU BAC, 30.

Bibliothèque

D'ÉDUCATION ET DE RÉCRÉATION

ÉDITIONS IN-18 SANS VIGNETTES

JEAN MACÉ. *Histoire d'une bouchée de pain*; lettres à une petite fille sur la vie de l'homme et des animaux. 19e édition. . . . 3 »
— *Les Serviteurs de l'estomac*, pour faire suite à l'*Histoire d'une bouchée de pain*. 3e édition. 1 vol. . . . . 3 »
— *Les Contes du petit château*. 3e édition. 1 vol. . . . . 3 »
— *Le Théâtre du petit château*. 1 vol . . . . 2 »
— *L'Arithmétique du grand-papa*; histoire de deux petits marchands de pommes. 9e édition. . . . . 3 »
ERCKMANN-CHATRIAN. *La Guerre*. 4e édition. . . . . 3 »
— *L'Invasion ou le Fou Yégof*. 9e édition. . . . . 3 »
JULES VERNE. *Cinq Semaines en ballon*; voyages de découvertes en Afrique. 9e édition. . . . . 3 »
— *Voyage au centre de la terre*. 3e édition . . . . 3 »
— *De la terre à la lune, trajet direct en 97 heures* . . . . . . 3 »
— *Les Anglais au pôle nord*. 1 vol. . . . . 3 »
— *Le Désert de glace*. 1 vol. . . . . 3 »
CH. CLÉMENT. *Michel-Ange, Raphaël et Léonard de Vinci*. Un beau vol. 2e édition. . . . . 3 »
STAHL ET MULLER. *Le Nouveau Robinson suisse*. . . . . . . 3 »
THÉOPHILE LAVALLÉE. *Les Frontières de la France*, ouvrage couronné par l'Académie française. 4e édition. . . . . 3 »
PIERRE GRATIOLET. *De la Physionomie et des Mouvements d'expression*; orné d'un portrait de l'auteur. 3 50
FARADAY. *Histoire d'une chandelle*; traduite par William Hughes, complétée et revue par Henri Sainte-Claire Deville; avec figures par Jules Duvaux. 3 50
MAURY (le commandant). *Géographie physique*; traduite par Margollé et Zurcher, avec une carte. . . . . 3 »
MAYNE-REID (le capitaine). *Aventures de terre et de mer*; traduites par E. Allouard. Dessins de Riou. 3 50
— *Les Jeunes Esclaves*, aventures de terre. Illustrés. 3 50
F. BERTRAND (de l'Institut). *Les Fondateurs de l'astronomie moderne*. 3e édition. 3 »
ED. GRIMARD. *La Plante*, botanique simplifiée, avec une préface de Jean Macé. 2 vol. 10 fr., séparément. . . . . 5 »
PRINCIPES DE LITTÉRATURE. *Conseils à une mère sur l'éducation littéraire de ses enfants*, par A. Sayous. Un beau vol. in-18. br. 3 »
Conseils à une mère sur l'éducation littéraire de ses enfants, par A. Sayous. 1 vol. 3 »
ROULIN, membre de l'Institut. *Histoire naturelle et souvenirs de voyages*. 1 vol. . . . . 3 »
A. BERTRAND. *Lettres sur les révolutions du globe*. 1 vol. . . . 3 50
ZURCHER et MARGOLLÉ. *Les Tempêtes*. 1 vol. . . . . 3 »
D. ORDINAIRE. *Dictionnaire de mythologie*. 1 vol. . . . . 3 »
Mme MARIE PAPE-CARPENTIER. *Le Secret des grains de sable, ou Géométrie de la nature*. . . . . 3 »

[illegible] IMPRIMERIE L. POUPART-DAVYL, RUE DU BAC, 30.

www.ingramcontent.com/pod-product-compliance
Ingram Content Group UK Ltd.
Pitfield, Milton Keynes, MK11 3LW, UK
UKHW020558230726
13926UKWH00005B/2082

9 782013 635059